はじめに

Microsoft Word 2016は、やさしい操作性と優れた機能を兼ね備えたワープロソフトです。
本書は、Wordの問題を繰り返し解くことによって実務に活かせるスキルを習得することを目的とした練習用のドリルです。FOM出版から提供されている次の2冊の教材と併用してお使いいただくことで、学習効果をより高めることができます。
(1)「よくわかるMicrosoft Word 2016 基礎」(FPT1528)
(2)「よくわかるMicrosoft Word 2016 応用」(FPT1529)

本書は、「基礎」→「応用」→「まとめ」の構成になっています。
「基礎」は教材(1)に、「応用」は教材(2)にそれぞれ対応する内容になっており、章単位で理解度を確認していただくのに適しています。「まとめ」は、Wordの知識を総合的に問う問題になっており、学習の総仕上げとしてお使いいただけます。

また、各問題には、教材(1)(2)のどこを学習すれば解答を導き出せるかがひと目でわかるように、ページ番号を記載しています。自力で解答できない問題は、振り返って弱点を補強しながら学習を進められるようになっています。

本書を通して、Wordの知識を深め、実務に活かしていただければ幸いです。

本書を購入される前に必ずご一読ください

本書は、2016年6月現在のWord 2016(16.0.4312.1000)に基づいて解説しています。
Windows Updateによって機能が更新された場合には、本書の記載のとおりに操作できなくなる可能性があります。あらかじめご了承のうえ、ご購入・ご利用ください。

2016年7月25日
FOM出版

◆Microsoft、Excel、Windowsは、米国Microsoft Corporationの米国およびその他の国における登録商標または商標です。
◆その他、記載されている会社および製品などの名称は、各社の登録商標または商標です。
◆本文中では、TMや®は省略しています。
◆本文中のスクリーンショットは、マイクロソフトの許可を得て使用しています。
◆本文およびデータファイルで題材として使用している個人名、団体名、商品名、ロゴ、連絡先、メールアドレス、場所、出来事などは、すべて架空のものです。実在するものとは一切関係ありません。
◆本書に掲載されているホームページは、2016年6月現在のもので、予告なく変更される可能性があります。

Contents 目次

■本書をご利用いただく前に -- 1

■基礎 -- 8

第1章　Wordの基礎知識
- Lesson1 …………………………………………………………… 9

第2章　文字の入力
- Lesson2 …………………………………………………………… 11
- Lesson3 …………………………………………………………… 13

第3章　文書の作成
- Lesson4 …………………………………………………………… 15
- Lesson5 …………………………………………………………… 18
- Lesson6 …………………………………………………………… 21

第4章　表の作成
- Lesson7 …………………………………………………………… 23
- Lesson8 …………………………………………………………… 25
- Lesson9 …………………………………………………………… 27
- Lesson10 ………………………………………………………… 29

第5章　文書の編集
- Lesson11 ………………………………………………………… 31
- Lesson12 ………………………………………………………… 33
- Lesson13 ………………………………………………………… 35

第6章　表現力をアップする機能
- Lesson14 ………………………………………………………… 37
- Lesson15 ………………………………………………………… 39
- Lesson16 ………………………………………………………… 41

第7章　便利な機能
- Lesson17 ………………………………………………………… 43
- Lesson18 ………………………………………………………… 45

■応用 -- 46

第1章　図形や図表を使った文書の作成
- Lesson19 ……………………………………………………… 47
- Lesson20 ……………………………………………………… 50
- Lesson21 ……………………………………………………… 52

第2章　写真を使った文書の作成
- Lesson22 ……………………………………………………… 56
- Lesson23 ……………………………………………………… 58

第3章　差し込み印刷
- Lesson24 ……………………………………………………… 61
- Lesson25 ……………………………………………………… 63

第4章　長文の作成
- Lesson26 ……………………………………………………… 66
- Lesson27 ……………………………………………………… 71

第5章　文書の校閲
- Lesson28 ……………………………………………………… 75
- Lesson29 ……………………………………………………… 77

第6章　Excelデータを利用した文書の作成
- Lesson30 ……………………………………………………… 79
- Lesson31 ……………………………………………………… 81

第7章　便利な機能
- Lesson32 ……………………………………………………… 83
- Lesson33 ……………………………………………………… 85

■まとめ -- 88

- Lesson34 ……………………………………………………… 89
- Lesson35 ……………………………………………………… 93
- Lesson36 ……………………………………………………… 97
- Lesson37 ……………………………………………………… 103
- Lesson38 ……………………………………………………… 108

解答の操作手順は、FOM出版のホームページで提供しています。P.3「5　学習ファイルと解答のダウンロードについて」を参照してください。

Introduction 本書をご利用いただく前に

本書で学習を進める前に、ご一読ください。

1 本書の記述について

操作の説明のために使用している記号には、次のような意味があります。

記述	意味	例
▭	キーボード上のキーを示します。	[Ctrl] [Enter]
▭ + ▭	複数のキーを押す操作を示します。	[Ctrl]+[End] ([Ctrl]を押しながら[End]を押す)
《 》	ダイアログボックス名やタブ名、項目名など画面の表示を示します。	《OK》をクリック 《ファイル》タブを選択
「 」	重要な語句や機能名、画面の表示、入力する文字などを示します。	「学習ファイル」を選択 「あどれす」と入力

File OPEN　学習の前に開くファイル

　「よくわかるMicosoft Word 2016 基礎」(FPT1528)の参照ページ

　「よくわかるMicosoft Word 2016 応用」(FPT1529)の参照ページ

※　補足的な内容や注意すべき内容

Hint　問題を解くためのヒント

POINT　知っておくと役立つ知識やスキルアップのポイント

2 製品名の記載について

本書では、次の名称を使用しています。

正式名称	本書で使用している名称
Windows 10	Windows 10 または Windows
Microsoft Word 2016	Word 2016 または Word
Microsoft Excel 2016	Excel 2016 または Excel

3 本書の見方について

本書は、「よくわかるMicrosoft Word 2016 基礎」(FPT1528)と「よくわかるMicrosoft Word 2016 応用」(FPT1529)の章構成に合わせて対応するレッスンを用意しています。設問ごとにテキストの参照ページを記載しているので、テキストを参照しながら学習を進められます。

❶テキスト名
対応するテキスト名を記載しています。

❷使用するファイル名
Lessonで使用するファイル名を記載しています。

❸章タイトル
対応する章のタイトルを記載しています。

❹解答ページ
解答のページ番号を記載しています。解答は、FOM出版のホームページで提供しています。ダウンロードしてご利用ください。

❺完成図
Lessonで作成する文書の完成図です。

❻参照ページ
テキストの参照ページを記載しています。

❼注釈
補足的な内容や、注意すべき内容を記載しています。

❽ヒント
問題を解くためのヒントを記載しています。

❾保存するファイル名
作成した文書を保存する際に付けるファイル名を記載しています。
また、Lesson内で使用したファイルについて記載しています。

4 学習環境について

本書を学習するには、次のソフトウェアが必要です。

●Word 2016
●Excel 2016

本書を開発した環境は、次のとおりです。
・OS：Windows 10（ビルド10586.218）
・アプリケーションソフト：Microsoft Office Professional Plus 2016
　　　　　　　　　　　　　Microsoft Word 2016（16.0.4312.1000）
　　　　　　　　　　　　　Microsoft Excel 2016（16.0.4312.1000）
・ディスプレイ：画面解像度　1024×768ピクセル

※インターネットに接続できる環境で学習することを前提に記述しています。
※環境によっては、画面の表示が異なる場合や記載の機能が操作できない場合があります。

◆画面解像度の設定

画面解像度を本書と同様に設定する方法は、次のとおりです。
①デスクトップの空き領域を右クリックします。
②《ディスプレイ設定》をクリックします。
③《ディスプレイの詳細設定》をクリックします。
④《解像度》の∨をクリックし、一覧から《1024×768》を選択します。
⑤《適用》をクリックします。
※確認メッセージが表示される場合は、《変更の維持》をクリックします。

◆ボタンの形状

ディスプレイの画面解像度やウィンドウのサイズなど、お使いの環境によって、ボタンの形状やサイズが異なる場合があります。ボタンの操作は、ポップヒントに表示されるボタン名を確認してください。
※本書に掲載しているボタンは、ディスプレイの画面解像度を「1024×768ピクセル」、ウィンドウを最大化した環境を基準にしています。

5 学習ファイルと解答のダウンロードについて

本書で使用する学習ファイルと解答は、FOM出版のホームページで提供しています。ダウンロードしてご利用ください。

ホームページ・アドレス

http://www.fom.fujitsu.com/goods/

ホームページ検索用キーワード

FOM出版

◆ダウンロード

学習ファイルと解答をダウンロードする方法は、次のとおりです。
① ブラウザーを起動し、FOM出版のホームページを表示します。
※アドレスを直接入力するか、キーワードでホームページを検索します。
②《ダウンロード》をクリックします。
③《アプリケーション》の《Word》をクリックします。
④《Word 2016 ドリル　FPT1608》をクリックします。
⑤「fpt1608.zip」をクリックします。
⑥ ダウンロードが完了したら、ブラウザーを終了します。
※ダウンロードしたファイルは、パソコン内のフォルダー《ダウンロード》に保存されます。

◆ダウンロードしたファイルの解凍

ダウンロードしたファイルは圧縮されているので、解凍（展開）します。
ダウンロードしたファイル「fpt1608.zip」を《ドキュメント》に解凍する方法は、次のとおりです。

① デスクトップ画面を表示します。
② タスクバーの ■ （エクスプローラー）をクリックします。

③《ダウンロード》をクリックします。
※《ダウンロード》が表示されていない場合は、《PC》をダブルクリックします。
④ ファイル「fpt1608」を右クリックします。
⑤《すべて展開》をクリックします。

⑥《参照》をクリックします。

⑦《ドキュメント》をクリックします。
※《ドキュメント》が表示されていない場合は、《PC》をダブルクリックします。
⑧《フォルダーの選択》をクリックします。

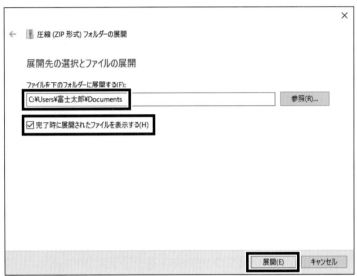

⑨《ファイルを下のフォルダーに展開する》が「C:¥Users¥(ユーザー名)¥Documents」に変更されます。
⑩《完了時に展開されたファイルを表示する》を ☑ にします。
⑪《展開》をクリックします。

⑫ファイルが解凍され、《ドキュメント》が開かれます。
⑬フォルダー「Word2016ドリル」が表示されていることを確認します。
※すべてのウィンドウを閉じておきましょう。

◆ダウンロードしたファイルの一覧

フォルダー「Word2016ドリル」には、学習ファイルや解答が入っています。タスクバーの ■ （エクスプローラー）→《PC》→《ドキュメント》をクリックし、一覧からフォルダーを開いて確認してください。

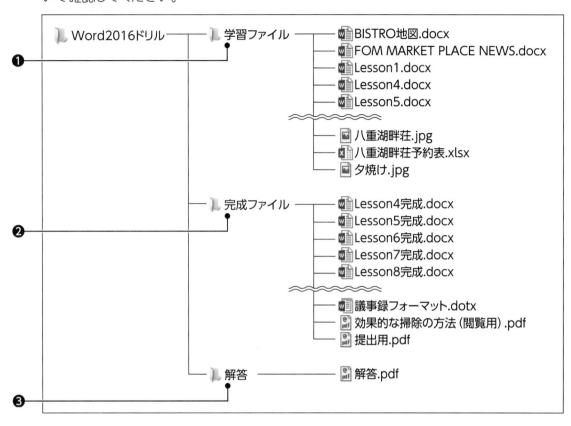

❶フォルダー「学習ファイル」・・・Lessonで使用するファイルが収録されています。
❷フォルダー「完成ファイル」・・・Lessonで完成したファイルが収録されています。
❸フォルダー「解答」・・・・・・・・Lessonの標準的な解答を記載した「解答.pdf」が収録されています。

◆学習ファイルの場所

本書では、学習ファイルの場所を《ドキュメント》内のフォルダー「Word2016ドリル」としています。《ドキュメント》以外の場所に解凍した場合は、フォルダーを読み替えてください。

◆学習ファイル利用時の注意事項

ダウンロードした学習ファイルを開く際、そのファイルが安全かどうかを確認するメッセージが表示される場合があります。学習ファイルは安全なので、《編集を有効にする》をクリックして、編集可能な状態にしてください。

◆解答の印刷

フォルダー「Word2016ドリル」内のフォルダー「解答」には、Lesson1からLesson38の設問に対する標準的な解答を記載した「解答.pdf」が収録されています。

「解答.pdf」を開いて解答を印刷する方法は、次のとおりです。

①タスクバーの ▣ （エクスプローラー）をクリックします。
②《ドキュメント》をクリックします。
※《ドキュメント》が表示されていない場合は、《PC》をダブルクリックします。
③フォルダー「Word2016ドリル」をダブルクリックします。
④フォルダー「解答」をダブルクリックします。
⑤「解答.pdf」をダブルクリックします。
※アプリを選択する画面が表示された場合は、《Microsoft Edge》を選択します。
⑥ ⋯ （詳細）をクリックします。
⑦《印刷》をクリックします。
⑧《プリンター》に出力するプリンターの名前が表示されていることを確認します。
※表示されていない場合は、▽をクリックし一覧から選択します。
⑨《印刷》をクリックします。

6 本書の最新情報について

本書に関する最新のQ&A情報や訂正情報、重要なお知らせなどについては、FOM出版のホームページでご確認ください。

ホームページ・アドレス

> http://www.fom.fujitsu.com/goods/

ホームページ検索用キーワード

> **FOM出版**

よくわかる

Microsoft Word 2016 Basic

基礎

第1章　Wordの基礎知識	
●Lesson1 …………………………………………	9
第2章　文字の入力	
●Lesson2 …………………………………………	11
●Lesson3 …………………………………………	13
第3章　文書の作成	
●Lesson4 …………………………………………	15
●Lesson5 …………………………………………	18
●Lesson6 …………………………………………	21
第4章　表の作成	
●Lesson7 …………………………………………	23
●Lesson8 …………………………………………	25
●Lesson9 …………………………………………	27
●Lesson10 ………………………………………	29
第5章　文書の編集	
●Lesson11 ………………………………………	31
●Lesson12 ………………………………………	33
●Lesson13 ………………………………………	35
第6章　表現力をアップする機能	
●Lesson14 ………………………………………	37
●Lesson15 ………………………………………	39
●Lesson16 ………………………………………	41
第7章　便利な機能	
●Lesson17 ………………………………………	43
●Lesson18 ………………………………………	45

Lesson 1　第1章　Wordの基礎知識

解答 ▶ P.2

次のように文書を操作しましょう。

▶閲覧モードで表示

▶ページ幅を基準に表示

| 基礎 P.13 | ① | Wordを起動しましょう。 |

| 基礎 P.15 | ② | 文書「Lesson1」を開きましょう。
※文書「Lesson1」は《ドキュメント》のフォルダー「Word2016ドリル」のフォルダー「学習ファイル」に保存されています。 |

| 基礎 P.18 | ③ | 画面を下にスクロールして、1ページ目の内容を確認しましょう。 |

| 基礎 P.19 | ④ | 次のページにスクロールして、2ページ目の内容を確認しましょう。
次に、1ページ目の文頭を表示しましょう。 |

| 基礎 P.20 | ⑤ | 表示モードを「閲覧モード」に切り替えましょう。 |

| 基礎 P.22 | ⑥ | 文書内の表を拡大しましょう。
Hint 閲覧モードでは、文書中の表やワードアートなどをダブルクリックすると拡大できます。 |

| 基礎 P.20 | ⑦ | 表示モードを「印刷レイアウト」に切り替えましょう。 |

| 基礎 P.23 | ⑧ | 画面の表示倍率を「70%」に変更しましょう。 |

| 基礎 P.23 | ⑨ | 画面の表示倍率を「ページ幅を基準に表示」に変更しましょう。 |

| 基礎 P.25 | ⑩ | カーソルを文末に移動し、文書「Lesson1」を閉じましょう。
Hint カーソルを文末に移動するには、 Ctrl + End を押すと効率的です。 |

| 基礎 P.16 | ⑪ | 再び、文書「Lesson1」を開きましょう。
Hint 以前開いた文書を再度開くには、《ファイル》タブ→《開く》→《最近使ったアイテム》の一覧から選択すると効率的です。 |

| 基礎 P.26 | ⑫ | 前回文書を閉じたときに表示していた位置にジャンプしましょう。 |

| 基礎 P.27 | ⑬ | Wordを終了しましょう。 |

Lesson 2　第2章　文字の入力

解答 ▶ P.2

次のように文章を入力しましょう。

 Wordを起動し、新しい文書を作成しておきましょう。
※英数字は半角で入力しましょう。

① インターネットで旅行先の情報を検索する。

② 明日の降水確率は40％です。

③ そんなことが本当に起きるのですか！？

④ その事件はTVのニュース速報で知った。

⑤ 27Fにオフィスを構えた。

⑥ 明日のAM6：00～PM3：00まで通行止めになります。
　　Hint「～」は「から」と入力して変換します。

⑦ 4桁のパスワードは「＊＊＊＊」で表示されます。

⑧ 商品代金は￥3,000（税別）です。

⑨ A+B=50

⑩ http://www.fom.fujitsu.com/goods/

⑪ YESまたはNOのどちらかに〇をつけてください。

⑫ 主電源のON/OFFは、スイッチを押して切り替えます。

⑬ Happy Birthday♪
　　Hint「♪」は「おんぷ」と入力して変換します。

⑭ レモン1個あたりのビタミンC含有量は20㎎です。

> **Hint** 「㎎」は「みりぐらむ」と入力して変換します。

⑮ 夢はホノルルマラソンで42.195㌔を走りきることです！

> **Hint** 「㌔」は「きろ」と入力して変換します。

⑯ コミュニケーションセンターでは、7月7日に蕎麦打ち大会を開催します。多数のご参加をお待ちしています。

基礎 P.46-47

⑰ 〒140-0001東京都品川区北品川

> **Hint** 「〒」は「ゆうびん」と入力して変換します。
>
> **Hint** 郵便番号を入力して〔　　　〕（スペース）を押すと、住所に変換できます。

⑱ 河邨沙織（かわむらさおり）と申します。

基礎 P.54

⑲ ⑩で入力した「http://www.fom.fujitsu.com/goods/」を単語登録しましょう。《よみ》は「あどれす」と入力します。

> **Hint** 単語登録する文字をあらかじめ選択しておくと、《単語の登録》ダイアログボックスの《単語》に自動的に入力されます。

基礎 P.55

⑳ ⑲で登録した単語を呼び出しましょう。

基礎 P.55

㉑ ⑲で登録した単語を削除しましょう。

基礎 P.58

㉒ IMEパッドの手書きアプレットを使って、「艸」（クサ）と入力しましょう。

基礎 P.60

㉓ 文書を保存せずにWordを終了しましょう。

Lesson 3 第2章 文字の入力

解答 ▶ P.3

次のように文章を入力しましょう。

 **Wordを起動し、新しい文書を作成しておきましょう。**
※英数字は半角で入力しましょう。

① 地球の大気は、惑星衝突の結果、生まれてきたものだといわれています。衝突のときに惑星に含まれていた水と炭酸ガスが蒸発して大気となり、地表の温度が下がるにつれ大気中の水蒸気が雨となって地上に降り注ぎました。この雨が原始の海になったようです。今の海とは多少異なり、原始の海には二酸化炭素や亜硫酸ガスなどが多く含まれていたと考えられています。

② フランスのワインにおける二大産地はボルドーとブルゴーニュです。ボルドーは、フランス南西部に位置します。酸味やタンニンの渋みなどのバランスがとれた、味わい深いワインが特徴です。それに対し、ブルゴーニュは、フランス中東部に位置し、華やかで香りの高い白ワインが有名です。
イタリアのワイン産地は多彩で、南北に細長い地形のためワインの風味は様々です。値段もお手頃なので、パスタとともに気軽に味わってはいかがでしょうか。
ドイツのワインは、北緯50度という厳しい条件の中で工夫して作られた糖度の高いブドウが原料です。フルーティーな甘さと、きめ細かい酸味が特徴なので、デザートワインとして楽しむとよいでしょう。
日本のワイン作りの特徴は、その原料となるブドウの品種です。日本の気候では、ヨーロッパ系のブドウは育ちにくいため、マスカットやベリーA種、在来の甲州種などが主な原料となっています。日本人の味覚や和食に合うものが多いので、ぜひお試しください。

③ 太陽光線は、健康に良い面と悪い面の二面性があります。例えば、日光は明るさと暖かさをもたらすだけでなく、人間の体内にビタミンDを生成させるなど健康に大切な役割を果たします。また、殺菌効果もあるので布団や衣類の殺菌に有効です。一方、日焼けを起こし、しみ・そばかすが増え、皮膚の老化が進むなどの悪影響もあります。最近では、オゾン層の破壊で皮膚がんの心配もでてきました。
太陽光線には紫外線、可視光線、赤外線などがあります。その中でも、紫外線は生物への影響によって次の3つに分かれます。
UV-A(長波長紫外線)
「生活紫外線」と呼ばれ、熱を持たずじわじわと真皮(表皮の下にあり、繊維質を含む)まで届き、メラニン色素を増やして真皮内の弾力繊維を変成させ、老化を招きます。知らず知らずに浴びているので気をつけましょう。
UV-B(中波長紫外線)
「レジャー紫外線」と呼ばれ、表皮(皮膚の一番外側の部分)でほとんど吸収するので、急激な日焼けを起こします。
UV-C(短波長紫外線)
皮膚がんの原因になるといわれています。地球を包む成層圏オゾン層によって、太陽光線のうちUV-Cの大部分が吸収されます。つまり、通常はUV-AとUV-Bの一部しか届きません。しかし、近年オゾン量が減少し、今まで届かなかったUV-Cも届きやすくなってきました。オゾン量が1％減ると有害紫外線量が2％増えるといわれており、皮膚がんなどの疾患が増えると心配されています。
長時間日光にあたらないこと、物理的に日光を避けること、日焼け止めを利用するなど自己ケアを怠らないようにしましょう。

基礎 P.46,54 ④ 「『きのこ』」を単語登録しましょう。《よみ》は「き」と入力します。

Hint 「『』」は「かっこ」と入力して変換します。

基礎 P.55 ⑤ ④で登録した単語を使って、次の文章を入力しましょう。

> 『きのこ』は、古代ローマ時代から食され、わが国においては、紀元前より遺物が発見されています。古代より食されている『きのこ』の栽培が本格的に始まったのは、奈良、平安時代といわれています。
> 『きのこ』には、食物繊維が多く含まれています。食物繊維には不溶性と水溶性の2種類がありますが、『きのこ』にはその両方が含まれています。不溶性の食物繊維は腸の動きを活発にしてくれます。また、ビフィズス菌などの善玉菌が増えるので、腸内の環境も整えてくれます。それに対して、水溶性の食物繊維は糖や脂肪、塩分などを摂取したときに体内に吸収されにくくし、スムーズに体の外に出そうとしてくれます。
> 『きのこ』には、ビタミン（特にビタミンB2）も多く含まれています。ビタミンB2は皮脂の分泌を正常に保ってくれます。また、摂取した脂質や糖質、たんぱく質をエネルギーに変える手助けを行い、体に余分な脂肪を蓄積しないようにしてくれます。ビタミン、ミネラル、カリウムを豊富に含んだ低カロリーの食材ということもあり、生活習慣病などの予防に多く食されています。
> この素晴らしいパワーを持っている『きのこ』を日々の食生活にうまく取り入れて、健康維持、増進を心がけましょう。

基礎 P.55 ⑥ ④で登録した単語を削除しましょう。

基礎 P.60 ⑦ 文書を保存せずにWordを終了しましょう。

Lesson 4 第3章 文書の作成

解答 ▶ P.3

完成図のような文書を作成しましょう。

 Wordを起動し、新しい文書を作成しておきましょう。

●完成図

平成 28 年 9 月 10 日

販売店様各位

阿立電器株式会社

サービスセンター受付時間変更のお知らせ

拝啓　仲秋の候、貴社ますますご盛栄のこととお慶び申し上げます。平素は格別のお引き立てをいただき、厚く御礼申し上げます。
　この度、販売店様よりご要望の多かった弊社のサービスセンターの受付時間を、10 月 1 日より変更させていただくことになりました。つきましては、下記内容をご確認の上、一層のご利用を賜りたく、よろしくお願い申し上げます。

敬具

記

- **修理受付センター**
  午前 10 時～午後 6 時　（年中無休）
- **部品受注センター**
  午前 10 時～午後 7 時　（年中無休）
- **カスタマーセンター**
  午前 10 時～午後 8 時　（年中無休）

以上

① 次のようにページのレイアウトを設定しましょう。

```
用紙サイズ      ：A4
印刷の向き      ：縦
余白            ：上 35mm  /  下・左・右 30mm
1ページの行数   ：30行
```

② 編集記号を表示しましょう。

③ 1行目に本日の日付を発信日付として入力し、改行しておきましょう。日付の表示形式は「平成〇年〇月〇日」にします。

Hint 《日付と時刻》ダイアログボックスを使って入力します。

④ 次のように文章を入力しましょう。
※入力を省略する場合は、フォルダー「学習ファイル」の文書「Lesson4」を開き、⑤に進みましょう。

```
↵
販売店様各位↵
阿立電器株式会社↵
↵
サービスセンター受付時間変更のお知らせ↵
↵
拝啓□仲秋の候、貴社ますますご盛栄のこととお慶び申し上げます。平素は格別のお引き立てをいただき、厚く御礼申し上げます。↵
□この度、販売店様よりご要望の多かった弊社のサービスセンターの受付時間を、10月1日より変更させていただくことになりました。つきましては、下記内容をご確認の上、一層のご利用を賜りたく、よろしくお願い申し上げます。↵
                                                           敬具↵
↵
                            記↵
修理受付センター↵
午前10時～午後6時□（年中無休）↵
部品受注センター↵
午前10時～午後7時□（年中無休）↵
カスタマーセンター↵
午前10時～午後8時□（年中無休）↵
                                                           以上
```

※↵で Enter を押して改行します。
※□は全角空白を表します。

Hint あいさつ文の入力は、《あいさつ文》ダイアログボックスを使うと効率的です。

⑤ 発信日付「平成〇年〇月〇日」と発信者名「阿立電器株式会社」をそれぞれ右揃えにしましょう。

基礎 P.83,90-93　⑥ タイトル「サービスセンター受付時間変更のお知らせ」に次の書式を設定しましょう。

```
フォント　　　：HG明朝B
フォントサイズ：18ポイント
太字
波線の下線
中央揃え
```

基礎 P.86　⑦ 「修理受付センター」「部品受注センター」「カスタマーセンター」に、7文字分の左インデントを設定しましょう。
次に、「午前10時～午後6時　（年中無休）」「午前10時～午後7時　（年中無休）」「午前10時～午後8時　（年中無休）」に9文字分の左インデントを設定しましょう。

Hint 離れた場所にある複数の範囲を選択するには、 Ctrl を押しながら範囲を選択します。

基礎 P.89-90, 92-93　⑧ 「修理受付センター」「部品受注センター」「カスタマーセンター」に次の書式を設定しましょう。

```
フォントサイズ：12ポイント
太字
一重下線
箇条書き　　 ：●
```

Hint 箇条書きを設定するには、《ホーム》タブ→《段落》グループの（箇条書き）を使います。

基礎 P.67　⑨ 編集記号を非表示にしましょう。

基礎 P.94　⑩ 文書に「Lesson4完成」と名前を付けて、フォルダー「Word2016ドリル」のフォルダー「学習ファイル」に保存しましょう。

※Wordを終了しておきましょう。

Lesson 5　第3章　文書の作成

解答 ▶ P.5

完成図のような文書を作成しましょう。

　Wordを起動し、新しい文書を作成しておきましょう。

●完成図

平成 28 年 9 月 26 日

社員各位

総務部長

ゴルフ大会のご案内

　9月に統合した横浜事務所と川崎事務所の親睦と交流を深める事を目的に、下記のとおりゴルフ大会を開催いたします。
　毎日業務にご精励のため、なにかとお忙しいことと存じますが、大空の下、気分転換の一日をお過ごしいただけましたら幸いです。
　皆様お誘い合わせの上、ぜひご参加下さいますようご案内申し上げます。

記

1. 日　程　　平成 28 年 10 月 23 日（日）
2. 時　間　　午前 8 時～午後 4 時
3. 場　所　　山梨カントリークラブ
4. 住　所　　山梨県上野原市 X-XX
5. 電　話　　0554-62-XXXX
6. 参加費　　3,000 円
7. 申　込　　別紙「ゴルフ大会申込書」にて

以上

担当：高柳　浩
内線：5014-XXXX

基礎 P.67　① 編集記号を表示しましょう。

基礎 P.67,72　② 次のように文章を入力しましょう。
※入力を省略する場合は、フォルダー「学習ファイル」の文書「Lesson5」を開き、③に進みましょう。

```
平成28年9月26日
社員各位
総務部長

ゴルフ大会のご案内

□9月に統合した横浜事務所と川崎事務所の親睦と交流をより一層深める事を目的に、下記のとおりゴルフ大会を開催いたします。
□毎日業務にご精励のため、なにかとお忙しいことと存じますが、気分転換の一日を大空の下、お過ごしいただけましたら幸いです。
□皆様お誘い合わせの上、ぜひご参加下さいますようご案内申し上げます。

　　　　　　　　　　　　　　　　記
日□程□□平成28年10月23日（日）
時□間□□午前8時～午後4時
場□所□□山梨カントリークラブ
住□所□□山梨県上野原市X-XX
電□話□□0554-62-XXXX
参加費□□3,000円
申□込□□別紙「ゴルフ大会申込書」にて
　　　　　　　　　　　　　　　　　　　　　以上

担当：高柳□浩
内線：5014-XXXX
```

※↵で Enter を押して改行します。
※□は全角空白を表します。

基礎 P.77　③ 「より一層」を削除しましょう。

基礎 P.81　④ 「気分転換の一日を」の前に「大空の下、」を移動しましょう。

基礎 P.83　⑤ 発信日付「平成28年9月26日」と発信者名「総務部長」をそれぞれ右揃えにしましょう。

基礎 P.83,90-91,93　⑥ タイトル「ゴルフ大会のご案内」に次の書式を設定しましょう。

```
フォント　　　　：HG創英角ゴシックUB
フォントサイズ：24ポイント
二重下線
フォントの色　：緑、アクセント6、黒+基本色25％
中央揃え
```

Hint フォントの色を変更するには、 (フォントの色)を使います。

基礎 P.86 ⑦ 「日　程…」で始まる行から「申　込…」で始まる行に8文字分の左インデントを設定しましょう。

基礎 P.88 ⑧ 「日　程…」で始まる行から「申　込…」で始まる行に「1.2.3.」の段落番号を付けましょう。

基礎 P.87 ⑨ ルーラーを表示しましょう。

　　　Hint ルーラーを表示するには、《表示》タブ→《表示》グループを使います。

基礎 P.87 ⑩ 完成図を参考に、水平ルーラーのインデントマーカーを使って、「担当：高柳　浩」と「内線：5014-XXXX」を約32文字の位置に配置しましょう。

　　　Hint 水平ルーラーの □ （左インデント）を使います。

基礎 P.97,100 ⑪ 文書を1部印刷しましょう。

基礎 P.94 ⑫ 文書に「Lesson5完成」と名前を付けて、フォルダー「Word2016ドリル」のフォルダー「学習ファイル」に保存しましょう。

※文書を閉じておきましょう。

Lesson 6　第3章　文書の作成

解答 ▶ P.6

完成図のような文書を作成しましょう。

 フォルダー「学習ファイル」の文書「Lesson6」を開いておきましょう。

●完成図

平成 29 年 4 月 1 日

各位

Sky Village マンション管理組合長

平成 29 年度通常総会のお知らせ

拝啓　時下ますますご清祥の段、お慶び申し上げます。平素は当管理組合の運営にご協力・ご支援いただき、厚く御礼申し上げます。
　さて、恒例ではございますが、本年度の通常総会を下記のとおり執り行いたいと存じます。ご多用中とは存じますが、ぜひご出席賜りたくご案内申し上げます。
　なお、本会終了後、ささやかではございますが、懇親会を予定しております。引き続きご参加いただきたく、お願い申し上げます。

敬具

記

1. 日　時：4 月 22 日（土）
   午後 2 時～午後 5 時（午後 5 時 30 分より懇親会）
2. 場　所：Sky Village マンション内コミュニティルーム
3. 議　題：前年度組合活動報告
   今年度組合活動計画
   修繕積立金の運用について

以上

お問い合わせ：安部　真一
連絡先：090-3333-XXXX

| 基礎 P.78 | ① | 「なお、本会終了後、」の後ろに「ささやかではございますが、」を挿入しましょう。 |

| 基礎 P.79-80 | ② | 発信者名「Sky Villageマンション管理組合長」の「Sky Village」を「マンション内コミュニティルーム」の前に、書式を結合してコピーしましょう。 |

Hint 書式を結合するには、《ホーム》タブ→《クリップボード》グループの (貼り付け)の を使います。

| 基礎 P.93 | ③ | 「各位」に設定された書式をすべてクリアしましょう。 |

Hint 書式を一括してクリアするには、《ホーム》タブ→《フォント》グループの (すべての書式をクリア)を使います。

| 基礎 P.92 | ④ | タイトル「平成29年度通常総会のお知らせ」に斜体を設定しましょう。 |

| 基礎 P.93 | ⑤ | 「1.日　時…」で始まる行から「修繕積立金の運用について」の行に設定された太字を解除しましょう。 |

Hint 《太字》を解除するには、《ホーム》タブ→《フォント》グループの B (太字)を再度クリックします。

| 基礎 P.94 | ⑥ | 文書に「Lesson6完成」と名前を付けて、フォルダー「Word2016ドリル」のフォルダー「学習ファイル」に保存しましょう。 |

| 基礎 P.97-100 | ⑦ | 印刷イメージを確認し、次のようにページのレイアウトを調整して2部印刷しましょう。 |

```
用紙サイズ      ：B5
1ページの行数：28行
```

| 基礎 P.96 | ⑧ | 文書を上書き保存しましょう。 |

※文書を閉じておきましょう。

Lesson 7 第4章 表の作成

解答 ▶ P.7

完成図のような文書を作成しましょう。

 フォルダー「学習ファイル」の文書「Lesson7」を開いておきましょう。

●完成図

平成 28 年 10 月 21 日

お客様各位

Jump マネースクール

セミナー担当

株式体験セミナーのご案内

拝啓　仲秋の候、ますます御健勝のこととお喜び申し上げます。平素は格別のお引き立てを賜り、ありがたく厚く御礼申し上げます。

　このたび、お客様よりご要望の多かった「株式体験セミナー」を開催させていただくことになりました。「セミナー日程表」をご確認の上、「申込書」に必要事項をご記入いただき、**11 月 4 日**までに同封の返信封筒にてご返送ください。なお、セミナーには人数制限がございますので、お早めにお申し込みいただきますようお願い申し上げます。

敬具

セミナー日程表

コース	開催日	時間	受講料
はじめてのネット株	12 月 2 日（金）	18:30～21:00	￥3,000
実践　株式講座	12 月 5 日（月）	18:30～21:00	￥3,000
テクニカル分析講座（入門）	12 月 6 日（火）	18:30～21:00	￥3,000

申　込　書

氏名		ふりがな	
住所			
電話番号			
希望コース			

基礎 P.108,110 ① 文末に4行4列の表を作成し、次のように文字を入力しましょう。

氏名		ふりがな	
住所			
電話番号			
希望コース			

基礎 P.116 ② 完成図を参考に、「申込書」の表の1列目と3列目の列幅を変更しましょう。表全体の列幅は変更されないように調整します。

基礎 P.121 ③ 完成図を参考に、「申込書」の表の2行2〜4列目、3行2〜4列目、4行2〜4列目のセルを結合しましょう。

基礎 P.118 ④ 完成図を参考に、「申込書」の表の2行目の行の高さを変更しましょう。

基礎 P.125 ⑤ 「申込書」の表の項目名をセル内で「中央揃え」に設定しましょう。

基礎 P.117 ⑥ 「セミナー日程表」の表全体の列幅を、セル内の最長のデータに合わせて、自動調整しましょう。

> Hint 表全体の列幅を一括して変更するには、表全体を選択してから調整すると効率的です。

基礎 P.128 ⑦ 「セミナー日程表」の表を行の中央に配置しましょう。

基礎 P.131 ⑧ 「セミナー日程表」の表と「申込書」の表の項目名に「青、アクセント5、白+基本色60%」の塗りつぶしを設定しましょう。

基礎 P.136 ⑨ 完成図を参考に、「申込書」の上の行に段落罫線を引きましょう。

※文書に「Lesson7完成」と名前を付けて、フォルダー「学習ファイル」に保存し、閉じておきましょう。

Lesson 8 第4章 表の作成

解答 ▶ P.8

完成図のような文書を作成しましょう。

 フォルダー「学習ファイル」の文書「Lesson8」を開いておきましょう。

●完成図

着付け小物販売について

申　込　書

当教室では着付けに必要な小物を販売しております。
お持ちでない方は、以下の項目にご記入の上、代金を添えて担当講師までお渡しください。
※代金は、できるだけお釣りのないようにお願いいたします。

【着付け小物】

要/不要	商品名	サイズ	価格
	ウエストベルト		600 円
	腰紐（3本セット）		1,000 円
	伊達締め		1,900 円
	コーリンベルト		800 円
	衿芯（2枚セット）		300 円
	帯板		1,200 円
	帯枕		1,000 円
	肌襦袢	M・L	1,600 円
	裾除け	M・L	1,500 円
	クリップ（5個セット）		1,200 円
	足袋	cm	800 円

※必要な項目に〇をつけて、サイズをご指定ください。

【合計金額】

教室名	受講番号	氏名（ふりがな）	合計金額
			円

① 「【着付け小物】」の表の9行目の下に1行挿入し、次のように文字を入力しましょう。

	裾除け	M・L	1,500円

② 「【着付け小物】」の表の「肌襦袢・裾除けセット」の行を削除しましょう。

③ 完成図を参考に、「【着付け小物】」の表の「サイズ」の空欄に、次の罫線を設定しましょう。

```
罫線の種類     :────
罫線の太さ     :0.5pt
罫線の色       :自動
斜め罫線（右上がり）
```

④ 「【着付け小物】」の表を行の中央に配置しましょう。

⑤ 完成図を参考に、「【合計金額】」の表の1列目を2列に分割し、次のように文字を入力しましょう。

受講番号	

⑥ 「【合計金額】」の表の2行目の行の高さを「15mm」に変更しましょう。

Hint 行の高さを数値で設定するには、《表ツール》の《レイアウト》タブ→《セルのサイズ》グループの 6.4 mm （行の高さの設定）を使います。

⑦ 「【合計金額】」の表の「円」のセルを「下揃え（右）」に設定しましょう。

⑧ 「【着付け小物】」の表と「【合計金額】」の表のそれぞれ1行目に「25％灰色、背景2、黒+基本色10％」の塗りつぶしを設定しましょう。

⑨ 「【合計金額】」の2行上に水平線を挿入しましょう。

Hint 水平線を挿入するには、《ホーム》タブ→《段落》グループの （罫線）を使います。

※文書に「Lesson8完成」と名前を付けて、フォルダー「学習ファイル」に保存し、閉じておきましょう。

Lesson 9 第4章 表の作成

解答 ▶ P.9

完成図のような文書を作成しましょう。

 フォルダー「学習ファイル」の文書「Lesson9」を開いておきましょう。

●完成図

ナイスライフセミナー参加者募集

50歳代の方を対象に、定年後の生活設計や生きがいなどについて考えるための「ナイスライフセミナー」を開催します。

◆「ナイスライフセミナー」詳細
- 日程：平成28年11月5日（土）～6日（日）
- 場所：ヴィラ高原研修所
- 応募方法：総務部ホームページにアクセスし、申込フォームに記入の上、送信してください。
- スケジュール：

日程	時間	内容
1日目	10:00	開講式
	10:30	講演「サラリーマンの生活と生きがいについて」
	12:00	昼食
	13:30	講座「実生活に役立つ年金」
	15:30	講座「実生活に役立つ健康保険と雇用保険」
	17:00	年金相談　※希望者のみ
	18:00	夕食・懇親会
2日目	8:00	朝食・ラジオ体操
	9:30	タスク「これからの生活設計と経済プラン」
	12:00	昼食
	13:30	セミナーのまとめ・質疑応答
	15:00	閉講式・解散

◆参考：ナイスライフセミナーの概要

	ナイスライフセミナー	ナイスライフセミナー＜続編＞
セミナー内容	定年後の生活設計や生きがいについて	定年後の健康管理について
対象者	50歳代の正社員とその配偶者	ナイスライフセミナー受講済みの方
日程	1泊2日	1日
参加費	16,000円／1人（食費・宿泊費込）	5,000円（食費込）

※ナイスライフセミナー＜続編＞は、4月頃を予定しています。

担当：総務部　高口

基礎 P.116 ① 完成図を参考に、上の表の1列目と2列目の列幅を変更しましょう。表全体の列幅は変更されないように調整します。

基礎 P.114 ② 完成図を参考に、上の表の3行目の下に1行挿入し、次のように文字を入力しましょう。

	12:00	昼食

基礎 P.121 ③ 完成図を参考に、上の表の2～8行1列目、9～13行1列目のセルをそれぞれ結合しましょう。

基礎 P.133-134 ④ 上の表にスタイル「グリッド(表)4-アクセント6」を適用しましょう。
次に、1列目の強調を解除しましょう。

基礎 P.131 ⑤ 上の表の「1日目」のセルに「色なし」の塗りつぶしを設定しましょう。

基礎 P.129 ⑥ 上の表の1行目の罫線を、次のように変更しましょう。

> 罫線の種類 ：──────
> 罫線の太さ ：0.25pt
> 罫線の色 　：緑、アクセント6
> 下罫線

基礎 P.116 ⑦ 完成図を参考に、下の表の1列目の列幅を変更しましょう。表全体の列幅は変更されないように調整します。

基礎 P.119 ⑧ 下の表の2列目と3列目の列幅を等間隔にそろえましょう。

Hint 列幅を均等にするには、《表ツール》の《レイアウト》タブ→《セルのサイズ》グループの田（幅を揃える）を使います。

基礎 P.133-134 ⑨ 下の表にスタイル「グリッド(表)4-アクセント6」を適用しましょう。
次に、1列目の強調を解除しましょう。

基礎 P.129 ⑩ 下の表の1行目の罫線を、次のように変更しましょう。

> 罫線の種類 ：──────
> 罫線の太さ ：0.25pt
> 罫線の色 　：緑、アクセント6
> 下罫線

※文書に「Lesson9完成」と名前を付けて、フォルダー「学習ファイル」に保存し、閉じておきましょう。

Lesson 10 第4章 表の作成

解答 ▶ P.10

完成図のような文書を作成しましょう。

 フォルダー「学習ファイル」の文書「Lesson10」を開いておきましょう。

●完成図

所属長	担当者

セミナー受講報告書

所　属		氏　名	
セミナー名			
受講期間		受講場所	

セミナー内容

セミナー受講後の感想

| 基礎 P.108,110 | ① | 文頭に2行2列の表を作成し、次のように文字を入力しましょう。 |

所属長	担当者

| 基礎 P.118-119 | ② | 完成図を参考に、①で作成した表のサイズと行の高さを変更しましょう。 |

| 基礎 P.125 | ③ | ①で作成した表の1行目の文字をセル内で「中央揃え」に設定しましょう。 |

| 基礎 P.128 | ④ | ①で作成した表全体を行の右端に配置しましょう。 |

| 基礎 P.135 | ⑤ | 「セミナー受講報告書」の下の表のスタイルを解除して、もとの表の状態にしましょう。 |

Hint 表のスタイルを解除してもとの表の状態にするには、表のスタイルを《標準の表》の《表（格子）》に設定します。

| 基礎 P.125,127 | ⑥ | 「セミナー受講報告書」の下の表の項目名を「中央揃え」に設定し、セル内で均等に割り付けましょう。 |

| 基礎 P.108 | ⑦ | 「セミナー内容」の下に6行1列の表を作成しましょう。 |

| 基礎 P.119 | ⑧ | 完成図を参考に、「セミナー内容」の表の行の高さを変更して、すべての行を均等な高さに設定しましょう。 |

Hint 行の高さを均等にするには、《表ツール》の《レイアウト》タブ→《セルのサイズ》グループの（高さを揃える）を使います。

| 基礎 P.129 | ⑨ | 「セミナー内容」の表の罫線を次のように変更しましょう。 |

```
罫線の種類   ：
罫線の太さ   ：0.5pt
罫線の色     ：自動
横罫線（内側）
```

| 基礎 P.79 | ⑩ | 「セミナー内容」の表をコピーし、「セミナー受講後の感想」の下に貼り付けましょう。 |

Hint 表全体を選択してから、コピーします。

| 基礎 P.114 | ⑪ | 「セミナー受講後の感想」の表に4行挿入しましょう。 |

※文書に「Lesson10完成」と名前を付けて、フォルダー「学習ファイル」に保存し、閉じておきましょう。

Lesson 11 第5章 文書の編集

解答 ▶ P.11

完成図のような文書を作成しましょう。

 フォルダー「学習ファイル」の文書「Lesson11」を開いておきましょう。

●完成図

平成 28 年 11 月 1 日

お客様各位

株式会社イマイ鞄

創立 15 周年記念セールのご案内

拝啓　平素はイマイ鞄をご利用いただき、心より御礼申し上げます。
　さて、弊社は、おかげさまをもちまして来る 11 月 12 日に創立 15 周年を迎えることになりました。これもひとえに皆様方のお引き立ての賜物と心より感謝申し上げます。
　つきましては、感謝の気持ちを込めまして、下記のように記念セールを開催いたします。
期間中は、10%～30%引きのお買い得な商品をご用意させていただきます。
　皆様お誘い合わせのうえ、ぜひご来店くださいますようスタッフ一同心よりお待ち申し上げます。

敬具

記

- ◆　開　催　期　間　　　平成 28 年 11 月 12 日（土）～11 月 20 日（日）
- ◆　開　催　時　間　　　午前 10 時～午後 6 時
- ◆　開　催　場　所　　　東雲XXタワー　第一展示会場
- ◆　住　　　　　所　　　東京都品川区品川 X-XX
- ◆　最　寄　り　駅　　　品川駅（㊟お車でのご来場はご遠慮ください。）

以上

担当：企画部　松井
TEL：03-3443-XXXX

| 基礎 P.148-149 | ① | タイトル「創立15周年記念セールのご案内」に次の書式を設定しましょう。 |

> 文字の効果　　：塗りつぶし（グラデーション）-ゴールド、アクセント4、輪郭-アクセント4
> 文字効果（影）：オフセット（斜め右下）

| 基礎 P.145 | ② | 「10%～30%」に囲み線と文字の網かけを設定しましょう。 |

Hint 囲み線や文字の網かけを設定するには、《ホーム》タブ→《フォント》グループを使います。

| 基礎 P.143-144 | ③ | 「開催期間」「開催時間」「開催場所」「住所」「最寄り駅」を6文字分の幅に均等に割り付けましょう。 |

Hint 複数箇所に均等割り付けを設定するときは、あらかじめ複数の範囲を選択してから均等割り付けを実行すると、一度に設定できます。複数の範囲を選択するには、[Ctrl]を使います。

| 基礎 P.154 | ④ | 「◆開催期間」「◆開催時間」「◆開催場所」「◆住所」「◆最寄り駅」の後ろにタブを挿入して、既定のタブ位置にそろえましょう。 |

| 基礎 P.146 | ⑤ | 「東雲」に「しののめ」とルビを付けましょう。 |

| 基礎 P.144 | ⑥ | 「お車でのご来場はご遠慮ください。」の前に「㊟」を挿入しましょう。スタイルは「外枠のサイズを合わせる」を設定します。 |

| 基礎 P.152 | ⑦ | 「◆開催期間…」で始まる行から「◆最寄り駅…」で始まる行の行間を「1.5」に変更しましょう。 |

※文書に「Lesson11完成」と名前を付けて、フォルダー「学習ファイル」に保存し、閉じておきましょう。

Lesson 12 第5章 文書の編集

解答 ▶ P.12

完成図のような文書を作成しましょう。

 フォルダー「学習ファイル」の文書「Lesson12」を開いておきましょう。

●完成図

新築マンション販売開始のご案内

当社が自信を持っておすすめする新築マンションの特別販売のご案内をいたします。閑静な住宅街にエグゼクティブな香り漂うおしゃれなデザイン。花水木駅から徒歩5分というスムーズなアクセスも魅力です。パンフレットをご希望の方は、担当までご請求ください。
なお、現地にてモデルルームを公開しておりますので、ぜひ一度足をお運びくださいますようお願い申し上げます。

～11月3日より第1期登録受付開始～

ガーデンヒルズ花水木

■所 在 地■	兵庫県神戸市花水木区一番町2丁目15-X	■敷地面積■	1135.50 ㎡
■交　通■	JR『花水木』駅からJR『三宮』駅まで20分	■総 戸 数■	60戸
	JR『花水木』駅からJR『西明石』駅まで10分	■間 取 り■	1LDK～4LDK
	※JR快速電車利用	■専有床面積■	44.20 ㎡～110.75 ㎡
■規　模■	地上13階建て	■販売価格■	2,500万円～6,500万円

お問い合わせ

堤堀不動産株式会社 ……………… 担当：吉村
　　　　　　　　　　　　　神戸市中央区下山手3-XX
　　　　　　　　　　　　　078-392-XXXX（水曜定休）

基礎 P.146 ① 「花水木駅から徒歩5分」に「・」の傍点を設定しましょう。

Hint 傍点を設定するには、《ホーム》タブ→《フォント》グループの を使います。

基礎 P.91,92 ② 「■所在地■」に次の書式を設定しましょう。

```
フォント    ：HGPゴシックM
太字
斜体
フォントの色 ：緑、アクセント6
```

基礎 P.150-151 ③ ②で設定した書式を、「■交通■」「■規模■」「■敷地面積■」「■総戸数■」「■間取り■」「■専有床面積■」「■販売価格■」にコピーしましょう。

Hint 複数の範囲に連続して書式をコピーするには、 (書式のコピー/貼り付け)をダブルクリックします。

基礎 P.143-144 ④ 「■所在地■」「■交通■」「■規模■」「■敷地面積■」「■総戸数■」「■間取り■」「■販売価格■」を7文字分の幅に均等に割り付けましょう。

基礎 P.154-155 ⑤ ルーラーを表示し、次の文字を約10字の位置にそろえましょう。

```
兵庫県神戸市花水木区一番町2丁目15-X
JR『花水木』駅からJR『三宮』駅まで20分
JR『花水木』駅からJR『西明石』駅まで10分
※JR快速電車利用
地上13階建て
1135.50㎡
60戸
1LDK～4LDK
44.20㎡～110.75㎡
2,500万円～6,500万円
```

基礎 P.152 ⑥ 「■所在地■…」で始まる行から「■販売価格■…」で始まる行の行間を「1.15」に変更しましょう。

基礎 P.162 ⑦ 「■所在地■…」で始まる行から「■販売価格■…」で始まる行を2段組みにしましょう。

基礎 P.155 ⑧ 次の文字を約16字の位置にそろえましょう。

```
担当：吉村
神戸市中央区下山手3-XX
078-392-XXXX（水曜定休）
```

基礎 P.158 ⑨ 「担当：吉村」の左側にリーダー「・・・・・・・」を表示しましょう。

※文書に「Lesson12完成」と名前を付けて、フォルダー「学習ファイル」に保存し、閉じておきましょう。

Lesson 13　第5章　文書の編集

解答 ▶ P.13

完成図のような文書を作成しましょう。

　フォルダー「学習ファイル」の文書「Lesson13」を開いておきましょう。

●完成図

地震に備える

地震が起こったとき、どう対処すればよいのか。
災害に「予告」はありません。
突然の災害に困らないための「備え」の大切さを考えてみましょう。

～いざというときのために～

広域避難場所の確認
日ごろから家庭や職場の近くの「広域避難場所」を確認しておきましょう。広域避難場所には、火の手がおよびにくい場所が指定されています。周囲から火の手が迫ってきた場合は、あわてずに広域避難場所に避難します。

避難所の確認
「避難所」も確認しておきましょう。家が倒壊した場合や電気・ガス・水道などのライフラインが途絶して自宅で生活できない場合などは、避難所に避難します。ここでは、生活に必要な食糧や生活必需品の支給を受けることができます。

家具や家電の転倒の防止
寝室や部屋の出入り口付近、廊下、階段などに家具や物を置かないようにし、倒れて下敷きになりそうな危険のある家具や家電は、転倒防止器具などで固定し

非常用備蓄品の準備
ライフラインの途絶に備えて、家庭内に「水」「食糧」「燃料」など最低
そのほかにも、家族に関する覚え書きや預貯金の控えなども準備しておくと

水の準備
水の重要性はいうまでもありません。大地震などの災害が起こったとき
る可能性は十分にあります。意外に困るのが生活用水です。洗濯や炊事、水
せん。生活用水のために、日ごろから風呂のお湯は抜かないで貯めておくと
も役立ちます。飲料水には適していなくても、生活用水として利用す
構あります。周辺の井戸を確認しておきましょう。
また、水を運ぶためのポリタンクやキャリーカートなどを用意しておくと重

[1]

～地震が発生したら～

身の安全の確保
テーブルや机の下に隠れ、落下物などから身を守りましょう。揺れがおさまったあと、落下物に注意しながら外に出ましょう。

火の始末
火の始末は、火災を防ぐ重要なポイントです。タイミングを間違えるとケガをする恐れもあるので、揺れの大きさを判断して火の始末をしましょう。もし火災が起こったら、大声で近隣に知らせ、隣近所と協力して消火にあたりましょう。初期消火が、二次災害を防ぐ重要なポイントです。

脱出口の確保
建物の歪みや倒壊によって、出入り口が開かなくなる場合があります。扉や窓を開けて脱出口を確保しましょう。

家具から離れる
本棚や食器棚などが倒れて大ケガをするばかりか身動きがとれなくなる恐れがあります。揺れを感じたら、すぐに家具から離れましょう。

ガラスの破片に注意
地震が発生したあと、最も多いケガはガラスの破片などによる切り傷です。はだしで歩き回らずにスリッパなどをはくようにしましょう。

応急救護の実施
ケガ人が出た場合は、助けを呼び、隣近所で協力しあって応急救護を行いましょう。また、普段から隣近所との協力体制を作っておくことも大切です。

正しい情報の収集
テレビやラジオ、パソコン、携帯電話などで正しい情報を収集しましょう。

～市の防災対策について～

救命講習の実施	消防団の応援	ハザードマップの交付
救命講習に参加してみませんか？地震などの災害時に役立つ救命方法を学びます。 毎月第2土曜日・第3金曜日 13：00～15：00	安心・安全な地域づくりに貢献する消防団を応援します。今年度から交付金制度がスタートしました。	町村ごとに土砂災害の危険箇所、広域避難場所などを掲載したハザードマップ（防災地図）を交付しています。

お問い合わせ　青葉市消防局防災危機管理室　077-555-XXXX

[2]

基礎 P.90,92, 148,152

① 「～いざというときのために～」に次の書式を設定しましょう。

> フォントサイズ：18ポイント
> 文字の効果　　：塗りつぶし-青、アクセント1、影
> 太字
> 段落前の間隔：1行

Hint 段落前の間隔を変更するには、《レイアウト》タブ→《段落》グループの [0行] （前の間隔）を使います。

基礎 P.150-151

② ①で設定した書式を、「～地震が発生したら～」と「～市の防災対策について～」にコピーしましょう。

基礎 P.160

③ 次の段落の先頭文字にドロップキャップを設定しましょう。本文内に表示し、ドロップする行数は「2」、本文からの距離は「1mm」にします。

> 広域避難場所の確認　　水の準備　　　　　家具から離れる
> 避難所の確認　　　　　身の安全の確保　　ガラスの破片に注意
> 家具や家電の転倒の防止　火の始末　　　　応急救護の実施
> 非常用備蓄品の準備　　脱出口の確保　　　正しい情報の収集

基礎 P.165

④ 「～地震が発生したら～」の行が2ページ目の先頭になるように、改ページを挿入しましょう。

基礎 P.162-163

⑤ 「救命講習の実施」から「…ハザードマップ（防災地図）を交付しています。」までの文章を3段組みにしましょう。
また、段の間に境界線を設定しましょう。

Hint 段の間の境界線を設定するには、《レイアウト》タブ→《ページ設定》グループの [段組み▼]（段の追加または削除）→《段組みの詳細設定》を使います。

基礎 P.164

⑥ 「消防団の応援」の行が2段目の先頭に、「ハザードマップの交付」の行が3段目の先頭になるように、段区切りを挿入しましょう。

基礎 P.166

⑦ ページの下部に「[1]」と表示される「かっこ1」のページ番号を追加しましょう。

※文書に「Lesson13完成」と名前を付けて、フォルダー「学習ファイル」に保存し、閉じておきましょう。

Lesson 14 第6章 表現力をアップする機能

解答 ▶ P.14

完成図のような文書を作成しましょう。

 フォルダー「学習ファイル」の文書「Lesson14」を開いておきましょう。

●完成図

緑カルチャースクール

10月受講生募集中

皆様から多数のご要望をいただいた2講座を追加いたしました。

整体ヨガ

インドヨガのポーズ、呼吸法、瞑想に加えて、様々な整体テクニックを取り入れた新しいタイプのヨガです。自然に無理なく日々の疲れを取り除き、骨格・筋肉・神経の歪みを正していきます。本講座は、専門の講師のもと、初心者でも無理なく安心して続けられるコースです。内側からの美しさと健康を作り上げていきましょう。

■開 催 期 間：10／1～10／22（全4回）
■曜日・時間：毎週土曜日　10：30～12：00
■受　講　料：10,000円

プリザーブドフラワー

ヨーロッパで注目され、日本でも人気急上昇のプリザーブドフラワー。生花の水分を抜いたあとオーガニックの色素を吸わせることで、生花のようなみずみずしさと柔らかな質感を数年も保つことができる魔法のお花です。お友達へのプレゼント、ご自宅のテーブルアレンジメントなどにも最適。本講座は、初めての方を対象に、プリザーブドフラワー作成の基本技術を習得していただくコースです。

■開 催 期 間：10／4～10／25（全4回）
■曜日・時間：毎週火曜日　19：00～21：00
■受　講　料：15,000円（材料費込み）

緑カルチャースクール
■神奈川県横浜市緑区中山町5-XX　　■045-530-XXXX

① 基礎 P.173　ワードアートを使って、「緑カルチャースクール」の下に「10月受講生募集中」というタイトルを挿入しましょう。ワードアートのスタイルは「塗りつぶし-ゴールド、アクセント4、面取り(ソフト)」にします。

② 基礎 P.175,179　ワードアートに次の書式を設定しましょう。

フォント	：HGS明朝E
文字の効果（反射）	：反射（弱）、オフセットなし
文字の効果（変形）	：三角形

③ 基礎 P.177-178　完成図を参考に、ワードアートの位置とサイズを変更しましょう。

④ 基礎 P.180　完成図を参考に、「インドヨガのポーズ、…」の前にフォルダー「学習ファイル」の画像「ヨガ」を挿入しましょう。

⑤ 基礎 P.182,185　画像の文字列の折り返しを「四角」に設定し、サイズを変更しましょう。

⑥ 基礎 P.180　完成図を参考に、「ヨーロッパで注目され、…」の前にフォルダー「学習ファイル」の画像「花束」を挿入しましょう。

⑦ 基礎 P.182,185　⑥で挿入した画像の文字列の折り返しを「四角」に設定し、サイズを変更しましょう。

⑧ 基礎 P.184　完成図を参考に、「花束」の画像を移動しましょう。

⑨ 基礎 P.195　テーマの色「緑」を適用しましょう。

Hint テーマの色を設定するには、《デザイン》タブ→《ドキュメントの書式設定》グループの (テーマの色)を使います。

⑩ 基礎 P.192　次のようなページ罫線を設定しましょう。

絵柄	：◆◆◆◆◆
線の太さ	：12pt

※文書に「Lesson14完成」と名前を付けて、フォルダー「学習ファイル」に保存し、閉じておきましょう。

Lesson 15　第6章　表現力をアップする機能

解答 ▶ P.15

完成図のような文書を作成しましょう。

　フォルダー「学習ファイル」の文書「Lesson15」を開いておきましょう。

●完成図

パーティープランのご案内

大人数のパーティーやウェディングの2次会、大切な方を招いてのご会食など、いろいろなシーンでご利用いただけるパーティープランをご用意しております。最高のお料理と、厳選されたワインやカクテルとともに上質なひとときをお過ごしください。

¥5,000 コース	¥7,000 コース	FREE DRINK
・サーモンマリネ	・サーモンマリネ	・赤、白ワイン
・オードブル3種盛り	・オードブル3種盛り	・カクテル
（生ハム・自家製ソーセージ・チーズ）	（生ハム・自家製ソーセージ・チーズ）	・ウイスキー
・シーザーサラダ	・エスカルゴのオーブン焼き	・ビール
・ピッツァ	・シーザーサラダ	・ソフトドリンク
・パスタ　1種	・ピッツァ	
・ローストビーフ	・パスタ　2種	
・デザートの盛り合わせ	・鮮魚の香草パン粉焼き	
	・ローストビーフ	
	・デザートの盛り合わせ	

Option Orders

花束・ブーケ　　　四季折々の花束やブーケをご用意いたします。
カラオケ・ビンゴ　パーティーを盛り上げるアトラクションをご用意しております。
プレゼント　　　　パティシエが焼き上げた美味しいお菓子や当店オリジナルワインなど、ちょっとした手土産に最適なお品をご用意しております。
案内状・招待状　　案内状や招待状の作成・印刷も承ります。

リストランテ・イルニード
兵庫県神戸市中央区波止場町 X-XX
TEL　078-111-XXXX・FAX　078-111-YYYY
http://www.irunirdo.xx.xx/

Ristorante Irunirdo

基礎 P.173	①	ワードアートを使って、表の下に「Option_Orders」という文字を挿入しましょう。ワードアートのスタイルは「塗りつぶし(グラデーション)-ゴールド、アクセント4、輪郭-アクセント4」にします。 ※_は半角空白を表します。
基礎 P.175	②	ワードアートに次の書式を設定しましょう。 文字の効果(影)　　：オフセット(斜め右下) 文字の効果(変形)：凹レンズ
基礎 P.177-178	③	完成図を参考に、ワードアートの位置とサイズを変更しましょう。
基礎 P.189	④	完成図を参考に、「星16」の図形を作成しましょう。
基礎 P.191	⑤	図形にスタイル「グラデーション-青、アクセント1」を適用しましょう。
基礎 P.190	⑥	図形に「Ristorante_Irunirdo」の文字を入力しましょう。 次に、フォントサイズを14ポイントに設定しましょう。 ※_は半角空白を表します。 **Hint**　・図形に文字を入力するには、図形を選択した状態で入力します。 　　　　・図形内のすべての文字の書式を変更するには、図形全体を選択した状態で行います。
基礎 P.184-185	⑦	完成図を参考に、図形の位置とサイズを変更しましょう。
基礎 P.192	⑧	次のようなページ罫線を設定しましょう。 絵柄　　　：□ □ □ □ □ 色　　　　：オレンジ、アクセント2 線の太さ　：16pt
基礎 P.194	⑨	テーマ「イオンボードルーム」を適用しましょう。
基礎 P.195	⑩	テーマのフォントを「Cambria」に変更しましょう。

※文書に「Lesson15完成」と名前を付けて、フォルダー「学習ファイル」に保存し、閉じておきましょう。

Lesson 16　第6章　表現力をアップする機能

解答 ▶ P.16

完成図のような文書を作成しましょう。

File OPEN　フォルダー「学習ファイル」の文書「Lesson16」を開いておきましょう。

●完成図

基礎 P.194	①	テーマ「インテグラル」を適用しましょう。
基礎 P.195	②	テーマのフォントを「Franklin Gothic」に変更しましょう。
基礎 P.119,125	③	完成図を参考に、「◆期間7月1日～9月15日…」の表と「◆平日限定のお得なプラン」の表の行の高さを変更して、それぞれの表の行の高さを均等に設定しましょう。また、表の項目名をセル内で「中央揃え」に設定しましょう。
基礎 P.189-190	④	完成図を参考に、「フローチャート：端子」の図形を3つ作成し、次のように文字を入力しましょう。

```
┌─────────────┐   ┌─────────────┐   ┌─────────────┐
│   昼食付↵    │   │   2サムOK↵   │   │  セルフカート付 │
│ ※通常プランのみ │   │  ※割増なし   │   │              │
└─────────────┘   └─────────────┘   └─────────────┘
```

※↵で Enter を押して改行します。

| 基礎 P.191 | ⑤ | ④で作成したすべての図形にスタイル「グラデーション-青、アクセント2」を適用しましょう。 |

Hint 複数の図形を選択するには、Shift を押しながら選択します。

基礎 P.90	⑥	「昼食付」「2サムOK」「セルフカート付」のフォントサイズを「12」ポイントに設定しましょう。
基礎 P.184-185	⑦	完成図を参考に、図形の位置とサイズを変更しましょう。
基礎 P.180	⑧	「平日限定のお得なプラン」の表の下にフォルダー「学習ファイル」の画像「黒田CC」を挿入しましょう。
基礎 P.182	⑨	画像の文字列の折り返しを「背面」に設定しましょう。
基礎 P.184	⑩	完成図を参考に、画像の位置を変更しましょう。
基礎 P.173	⑪	ワードアートを使って、「平日限定のお得なプラン」の表の下に「黒田カントリークラブ」という文字を挿入しましょう。ワードアートのスタイルは「塗りつぶし-白、輪郭-アクセント2、影（ぼかしなし）-アクセント2」にします。
基礎 P.177	⑫	完成図を参考に、ワードアートの位置を変更しましょう。
基礎 P.91	⑬	「〒529-XXXX　滋賀県甲賀市信楽町XX-X」から「TEL：0748-82-XXXX　FAX：0748-82-XXXX」の行のフォントの色を「白、背景1」に変更しましょう。

※文書に「Lesson16完成」と名前を付けて、フォルダー「学習ファイル」に保存し、閉じておきましょう。

Lesson 17 第7章 便利な機能

解答 ▶ P.18

完成図のような文書を作成しましょう。

 フォルダー「学習ファイル」の文書「Lesson17」を開いておきましょう。

●完成図

効果的な掃除の方法

家の中には、いつもきれいにしておきたいと思いながらもなかなか手がつけられず、結局年末に後まわしになってしまう、という場所があります。例えば、ガスレンジ、台所の換気扇、網戸などの窓まわりなどが掃除の苦手な場所といえるでしょう。これは、実は日頃から掃除ができていないため、汚れがたまる→少々の掃除ではきれいにならない→さらに汚れる…という悪循環の結果といえます。
しかし、掃除の達人は、そういった場所も「簡単な掃除の基本を知っていれば、汚れも落とすことができ、やる気もおきてどんどんきれいになっていく」と言っています。
もし掃除が苦手でも、これを読めばもう大丈夫。さあ、掃除の基本を身につけましょう。

■ガスレンジ
ガスレンジの焦げ付き汚れは、重曹を使った煮洗いが効果的です。焦げ付きが柔らかくなり、落としやすくなります。

【基本の手順】
① 大きな鍋に水を入れ重曹を加えます。
② 五徳や受け皿、グリルなどを入れ、10分ほど（落ちにくい汚れは1時間ほど）煮て水洗いします。

■台所の換気扇
換気扇の掃除は、つけ置き洗いがコツ。洗剤は市販の専用品ではなく、身近にあ

【基本の手順】
① 酸素系漂白剤（弱アルカリ性）カップ2/3杯と、食器洗い洗剤（中性）スプ
用洗剤を作ります。
② 換気扇の部品をはずし、ひどい汚れは割り箸などで削り落とします。
③ シンクや大きな入れ物の中にごみ袋を敷き、その中に50度ほどのお湯を入
す。その中に部品を1時間ほどつけて置きます。
④ 歯ブラシで汚れを落としたあとに、水洗いします。

Point
アルカリ性の油汚れ用洗剤でつけ置き洗いをすると塗装まではがれることもある
モーターなどの電気系の部品は、つけ置き洗い不可。

■網戸
外して洗うのが理想ですが、無理な場合は、塗装用のコテバケを使うといいでし
ま湯にコテバケをつけて絞り、網に上下または左右に塗ります。そしてしばらく
拭き取ります。汚れのひどいときはこれを繰り返しましょう。

1

■窓ガラス
窓ガラスの汚れは、一般的にはガラスクリーナーを吹き付けて拭き取りますが、「スクイージー」を使うのが一番効果的です。スクイージーとはガラスから余分な水分や汚れを取り除くためのゴムベラです。この場合も洗剤は普段使っている住居用洗剤を使います。仕上げには新聞紙を丸めてから拭きすると印刷インクがワックス代わりをしてくれます。

【基本の手順】
① 1%に薄めた住居用洗剤を霧吹きで窓ガラスに吹きつけ、スポンジでのばします。
② 窓ガラスの左上から右へとスクイージーを浮かせないように引き、枠の手前で止めて、スクイージーのゴム部分の水を拭き取ります。
③ 同じように下段へと進み、下まで引いたら、右側の残した部分を上から下へと引きおろします。

Point
スクイージーを使って、汚れやスジを残さずに窓ガラスを綺麗に仕上げるには、スクイージーの角度が大切。
・スクイージーのゴムが硬い場合は、ゴムを寝かせ気味に動かす
・スクイージーのゴムが柔らかい場合は、ゴムを起こし気味に動かす

■ブラインド
ブラインドのほこり汚れは、軍手を使います。ポリエチレンの手袋をした上に軍手をはめて、指先に住居用洗剤を入れた液をつけて拭いた後、軍手を水洗いして水拭きをします。そのあと、乾いた軍手でから拭きします。

■知っておきたい掃除の裏技

項目	裏技
やかんの湯垢	少量の酢を入れた濃い塩水に一晩つけ置き、翌日スチールウールでこすり落とす。
コップ・急須の茶渋	みかんの皮に塩をまぶしてこすりとる。布に水を含ませた重曹をつけて磨く。
金属磨き	布に練り歯磨きをつけて磨く。狭いところは先をつぶした爪楊枝を使う。銀製品は重曹を使う。
まな板	レモンの切れ端でこすり、漂白する。
フキンの黒ずみ	カップ1杯の水にレモン半分とフキンを入れて煮る。
台所排水パイプの詰まり防止	1か月に1回、重曹と塩をカップ1杯ずつ排水パイプに入れ熱湯を注ぎ流す。

洗剤の成分や道具などの商品知識を豊かにしたり、基本の手順や要領を身につけたりすると、家庭にあるものを上手に活用することができます。そして、一度掃除をしてきれいになれば、それが励みとなってもっときれいにしようという気持ちになります。さあ、さっそく試してください。

2

基礎 P.200 ① 文書内の「掃除」という単語を検索しましょう。

基礎 P.203 ② 文書内の表を検索しましょう。

Hint 表を検索するには、ナビゲーションウィンドウの 🔍 (さらに検索)を使います。

基礎 P.203,205 ③ 文書内の「手順」を「基本の手順」にすべて置き換えましょう。

基礎 P.203,205 ④ 文書内の「Point」に次の書式を付けて、すべて置き換えましょう。

```
フォント      ：Arial Black
フォントサイズ：12ポイント
フォントの色  ：オレンジ、アクセント2
```

Hint 書式を付けた文字に置換するには、《検索と置換》ダイアログボックスの《書式》を使います。

基礎 P.203,205 ⑤ 文書内の全角の「1」を半角の「1」にすべて置き換えましょう。

Hint 全角の文字と半角の文字を区別して置換するには、《検索と置換》ダイアログボックスの《☐ あいまい検索(日)》→《☑ 半角と全角を区別する》を使います。

基礎 P.203,205 ⑥ 文書内の半角の「(」と「)」を全角の「（」と「）」にすべて置き換えましょう。

基礎 P.206 ⑦ 文書に「効果的な掃除の方法（閲覧用）」と名前を付けて、PDFファイルとしてフォルダー「学習ファイル」に保存しましょう。
また、PDFファイルを表示しましょう。
※PDFファイルを閉じておきましょう。

※文書に「Lesson17完成」と名前を付けて、フォルダー「学習ファイル」に保存し、閉じておきましょう。

Lesson 18　第7章　便利な機能

解答 ▶ P.19

完成図のような文書を作成しましょう。

●完成図

基礎 P.208　① WordでPDFファイル「プラネタリウム通信」を開きましょう。

基礎 P.210　②「開催曜日：水・金・土・日」を「開催曜日：水～日」に変更しましょう。

基礎 P.210　③「入館料：高校生以上…」の前で改行しましょう。

基礎 P.206　④ 文書に「プラネタリウム通信（配布用）」と名前を付けて、PDFファイルとしてフォルダー「学習ファイル」に保存しましょう。
また、PDFファイルを表示しましょう。
※PDFファイルを閉じておきましょう。

※文書に「Lesson18完成」と名前を付けて、フォルダー「学習ファイル」に保存し、閉じておきましょう。

よくわかる

Microsoft® Word 2016
Advanced

応用

第1章	図形や図表を使った文書の作成	
	●Lesson19	47
	●Lesson20	50
	●Lesson21	52
第2章	写真を使った文書の作成	
	●Lesson22	56
	●Lesson23	58
第3章	差し込み印刷	
	●Lesson24	61
	●Lesson25	63
第4章	長文の作成	
	●Lesson26	66
	●Lesson27	71
第5章	文書の校閲	
	●Lesson28	75
	●Lesson29	77
第6章	Excelデータを利用した文書の作成	
	●Lesson30	79
	●Lesson31	81
第7章	便利な機能	
	●Lesson32	83
	●Lesson33	85

Lesson 19 第1章 図形や図表を使った文書の作成

解答 ▶ P.21

完成図のような文書を作成しましょう。

File OPEN フォルダー「学習ファイル」の文書「Lesson19」を開いておきましょう。

●完成図

① 次のようにページを設定しましょう。

> 用紙サイズ ：A4
> 余白　　　：狭い
> テーマ　　：スライス
> ページの色：濃い緑、アクセント4、白+基本色80%

Hint 余白を設定するには、《レイアウト》タブ→《ページ設定》グループの (余白の調整)を使います。

② ワードアートを使って、「お客様を迷子にしていませんか？」という文字を挿入しましょう。ワードアートのスタイルは「塗りつぶし-濃い青、アクセント1、影」にします。

③ ワードアートに次の書式を設定しましょう。

> 文字の色　　　：オレンジ、アクセント5
> フォント　　　：HGS創英角ゴシックUB
> フォントサイズ：28ポイント

Hint ワードアートの文字の色を設定するには、《書式》タブ→《ワードアートのスタイル》グループの (文字の塗りつぶし)を使います。

※完成図を参考に、ワードアートの位置を調整しておきましょう。

④ 完成図を参考に、「楕円」の図形を作成し、次の書式を設定しましょう。

> 文字列の折り返し：上下
> 枠線の太さ　　　：6pt

Hint 図形の文字列の折り返しを設定するには、 (レイアウトオプション)を使います。

※完成図を参考に、図形の位置とサイズを調整しておきましょう。

⑤ 図形の中に、フォルダー「学習ファイル」の画像「電話」を挿入しましょう。

⑥ ワードアートを使って、「会社の顔はあなたです」というタイトルを挿入しましょう。ワードアートのスタイルは「塗りつぶし-濃い緑、アクセント3、面取り（シャープ）」にします。

⑦ ⑥で挿入したワードアートに次の書式を設定しましょう。

> 文字の効果（変形）：上凹レンズ
> フォント　　　　　：HGS創英角ゴシックUB

※完成図を参考に、ワードアートの位置とサイズを調整しておきましょう。

⑧ 文末に、SmartArtグラフィック「基本ステップ」を挿入し、テキストウィンドウを使って次のように入力しましょう。

> ・お客様の用件を親身になって伺う
> ・自部門で回答するのが難しい場合は…
> ・折り返しお電話を差し上げる旨、お客様に伝える

※「…」は「てん」と入力して変換します。

⑨ SmartArtグラフィックに図形を追加し、テキストウィンドウを使って次のように入力しましょう。

> ・回答できる部門を調べて対応を依頼する

⑩ SmartArtグラフィックに次の書式を設定しましょう。

> SmartArtのスタイル ：光沢
> 色の変更 ：カラフル-アクセント4から5
> フォント ：MSPゴシック
> フォントサイズ ：14ポイント
> フォントの色 ：黒、テキスト1

Hint SmartArtグラフィックのスタイルや色を設定するには、《SmartArtツール》の《デザイン》タブ→《SmartArtのスタイル》グループを使います。

⑪ 完成図を参考に、SmartArtグラフィック内の角丸四角形のサイズを拡大しましょう。

Hint SmartArtグラフィック内の図形のサイズを調整するには、《書式》タブ→《図形》グループを使います。

※完成図を参考に、SmartArtグラフィックのサイズを調整しておきましょう。

⑫ 横書きテキストボックスを作成し、次のように入力しましょう。

> 回答部門がわからないときは…↵
> 「お客様総合センター（内線：71235-XXXX）」へ

※↵で Enter を押して改行します。

⑬ テキストボックスに次の書式を設定しましょう。

> 図形のスタイル ：グラデーション-赤、アクセント6
> 文字の配置 ：上下中央揃え
> フォント ：HGS創英角ゴシックUB
> フォントサイズ ：22ポイント

Hint 文字の配置を設定するには、《書式》タブ→《テキスト》グループの （文字の配置）を使います。

※完成図を参考に、テキストボックスの位置とサイズを調整しておきましょう。

※文書に「Lesson19完成」と名前を付けて、フォルダー「学習ファイル」に保存し、閉じておきましょう。

Lesson 20　第1章　図形や図表を使った文書の作成

解答 ▶ P.23

完成図のような文書を作成しましょう。

 フォルダー「学習ファイル」の文書「Lesson20」を開いておきましょう。

●完成図

① 次のようにページを設定しましょう。

```
用紙サイズ   ：A4
余白         ：狭い
ページの色   ：黒、テキスト1
```

② ワードアートを使って、「第54回」というタイトルを挿入しましょう。ワードアートのスタイルは「塗りつぶし-オレンジ、アクセント2、輪郭-アクセント2」にします。
※完成図を参考に、ワードアートの位置を調整しておきましょう。

③ 縦書きテキストボックスを作成し、「春山花火大会」と入力しましょう。

④ 表示倍率を変更して、ページ全体を表示しましょう。

⑤ テキストボックスに次の書式を設定しましょう。

```
ワードアートクイックスタイル ：塗りつぶし-ゴールド、アクセント4、面取り（ソフト）
図形の塗りつぶし              ：なし
図形の枠線                    ：なし
フォント                      ：HGS行書体
フォントサイズ                ：140ポイント
文字間隔                      ：狭く（10pt）
```

Hint テキストボックス内の文字のスタイルを設定するには、《書式》タブ→《ワードアートのスタイル》グループの (ワードアートクイックスタイル)を使います。
※完成図を参考に、テキストボックスの位置とサイズを調整しておきましょう。

⑥ 「第54回」の背面に「楕円」の図形を作成し、文字列の折り返しを「背面」に設定しましょう。

⑦ 図形の中に、フォルダー「学習ファイル」の画像「花火1」を挿入しましょう。
次に、図形に「ぼかし　25ポイント」の効果を設定しましょう。
※完成図を参考に、図形の位置とサイズを調整しておきましょう。

⑧ ⑥で作成した図形を左下にコピーしましょう。

⑨ ⑧でコピーした図形の中に、フォルダー「学習ファイル」の画像「花火2」を挿入しましょう。
※完成図を参考に、図形の位置とサイズを調整しておきましょう。

⑩ ページの背景も印刷されるように設定し、文書を1部印刷しましょう。

※文書に「Lesson20完成」と名前を付けて、フォルダー「学習ファイル」に保存し、閉じておきましょう。

Lesson 21 第1章 図形や図表を使った文書の作成

解答 ▶ P.24

完成図のような文書を作成しましょう。

File OPEN フォルダー「学習ファイル」の文書「Lesson21」を開いておきましょう。

●完成図

Aug.6.2016

Bridal Fair

相模湾を眺めながら、青い空と海に囲まれたウェディング。

訪れたすべてのゲストが幸せな気持ちになれる、感動的な挙式が叶う場所。

■日時　　　　　　　　　■内容

8月6日(土)　　　　　　◆ 模擬挙式体験

第1部　　9:30～12:00　　◆ ウェディングドレスの試着体験

第2部　　14:00～16:30　　◆ ミニコース仕立ての試食会

■ブライダルフェアご成約特典

ご成約の方に、お得な特典盛り沢山！この機会をお見逃しなく！

特典1
ロイヤル・スイートルームに
ご宿泊(挙式当日)

特典2
結婚1周年記念ディナー
にご招待

特典3
ブライダルエステご利用券
(5回分)

Guardian 葉山　ブライダルサロン

〒240-0114　神奈川県三浦郡葉山町木古庭245-XXX
電話: 0120-529-XXXX(10:00～20:00)
URL: http://www.guardian-hayama.xx.xx/

① 次のようにページを設定しましょう。

```
テーマ            :インテグラル
テーマのフォント  :Century Schoolbook
用紙サイズ        :A4
余白              :狭い
行数              :45
```

② ページの色に次のように塗りつぶし効果を設定しましょう。

```
パターン :5%
前景     :青、アクセント2
背景     :白、背景1
```

Hint ページの背景に塗りつぶし効果を設定するには、《デザイン》タブ→《ページの背景》グループの (ページの色)→《塗りつぶし効果》を使います。

③ 完成図を参考に、「角丸四角形」の図形を作成しましょう。

④ 図形の中に、フォルダー「学習ファイル」の画像「海」を挿入しましょう。
次に、図形に次の書式を設定しましょう。

```
図形の枠線 :水色、アクセント1
枠線の太さ :6pt
```

※完成図を参考に、図形の位置とサイズを調整しておきましょう。

⑤ ワードアートを使って、「Aug.6.2016」という文字を挿入しましょう。ワードアートのスタイルは「塗りつぶし-青、アクセント2、輪郭-アクセント2」にします。

⑥ ワードアートに斜体を設定しましょう。
※完成図を参考に、ワードアートの位置とサイズを調整しておきましょう。

⑦ ワードアートを使って「Bridal_Fair」というタイトルを挿入しましょう。ワードアートのスタイルは「塗りつぶし-白、輪郭-アクセント1、光彩-アクセント1」にします。
※_は半角空白を表します。

⑧ ⑦で挿入したワードアートに次の書式を設定しましょう。

```
文字の効果（影） :オフセット（下）
フォントサイズ   :85ポイント
斜体
```

※完成図を参考に、ワードアートの位置とサイズを調整しておきましょう。

基礎 P.162 ⑨ 「■日時」から「◆ミニコース仕立ての試食会」までの文章を2段組みにしましょう。

応用 P.20 ⑩ 文末にSmartArtグラフィック「表題付き画像」を挿入し、テキストウィンドウを使って次のように入力しましょう。

```
・特典1
    ・ロイヤル・スイートルームにご宿泊（挙式当日）
・特典2
    ・結婚1周年記念ディナーにご招待
・特典3
    ・ブライダルエステご利用券（5回分）
```

応用 P.26,29,31 ⑪ SmartArtグラフィックに次の書式を設定しましょう。

```
文字列の折り返し   ：前面
SmartArtのスタイル ：グラデーション
フォントサイズ     ：10.5ポイント
太字
```

応用 P.31 ⑫ SmartArtグラフィックの「特典1」「特典2」「特典3」に次の書式を設定しましょう。

```
フォント       ：HG明朝B
フォントサイズ ：12ポイント
```

※完成図を参考に、SmartArtグラフィック内の図形や、SmartArtグラフィック全体の位置とサイズを調整しておきましょう。

応用 P.33 ⑬ 完成図を参考に、SmartArtグラフィックの図形の中に、フォルダー「学習ファイル」の次の画像を挿入しましょう。

```
左側：ブーケ
中央：夕焼け
右側：エステ
```

応用 P.35 ⑭ 完成図を参考に、横書きテキストボックスを作成し、次のように入力しましょう。

```
Guardian葉山□ブライダルサロン↵
〒240-0114□神奈川県三浦郡葉山町木古庭245-XXX↵
電話：0120-529-XXXX（10：00～20：00）↵
URL：http://www.guardian-hayama.xx.xx/
```

※□は全角空白を表します。
※↵で Enter を押して改行します。
※「〒」は「ゆうびん」と入力して変換します。

応用 P.39 ⑮ テキストボックスに次の書式を設定しましょう。

```
図形のスタイル　　：グラデーション-青、アクセント2
文字の効果（影）：オフセット（下）
文字の配置　　　：上下中央揃え
中央揃え
```

基礎 P.90 ⑯ 「Guardian葉山　ブライダルサロン」のフォントサイズを「22」ポイントに設定しましょう。
※完成図を参考に、テキストボックスの位置とサイズを調整しておきましょう。

※文書に「Lesson21完成」と名前を付けて、フォルダー「学習ファイル」に保存し、閉じておきましょう。

Lesson 22 第2章 写真を使った文書の作成

解答 ▶ P.27

完成図のような文書を作成しましょう。

File OPEN フォルダー「学習ファイル」の文書「Lesson22」を開いておきましょう。

●完成図

12月に入り、街はクリスマス一色。
クリスマスといえば、クリスマスツリーに色とりどりの電飾、クリスマスケーキなどが挙げられますが、クリスマスリースも欠かせない飾りつけです。
市販されているクリスマスリースは、造花やドライフラワーのものが一般的ですが、今回は、生花で贅沢に作ってみましょう。生花ならではのやわらかな色合いや素材感で、とても雰囲気のあるリースに仕上がります。
世界にひとつだけの手作りリースで、クリスマスパーティーを華やかに演出してみませんか？

■開催日
平成28年12月17日（土）
■申込締切日
平成28年12月7日（水）
■開催時間
1回目　10:00～12:30
2回目　14:00～16:30
■参加料（税別）
¥3,500（材料費含む）
■持ち物
・生花はさみ
・作品を持ち帰る袋　など
■開催場所
FOMフラワーサロンAOYAMA
■講師
深田　麻由美　先生
FOMフラワーサロンAOYAMAのプロコースを卒業後、フランス・パリのフルール・ド・フェアリーへ留学。フラワー装飾技能検定1級を取得し、現在、スクール講師歴8年目。ウェディングフラワー装飾なども手掛けており、最新のパリスタイルのアレンジを得意とする。

① 次のようにページを設定しましょう。

> 余白　　　　　　　：上 15mm　/　左・右 20mm
> 日本語用のフォント：HGSゴシックM
> 英数字用のフォント：（日本語用と同じフォント）
> 行数　　　　　　　：45

応用 P.60-62

② 文末に、フォルダー「学習ファイル」のテキストファイル「講座内容」を挿入し、書式をクリアしましょう。

基礎 P.90,92

③ 「■開催日」「■申込締切日」「■開催時間」「■参加料（税別）」「■持ち物」「■開催場所」「■講師」に、次の書式を設定しましょう。

> フォントサイズ：12ポイント
> 太字

基礎 P.152

④ 「■開催日」から「…最新のパリスタイルのアレンジを得意とする。」までの行間を「1.15」に設定しましょう。

応用 P.64,80

⑤ フォルダー「学習ファイル」の画像「リース作成」を挿入し、文字列の折り返しを「背面」に設定しましょう。

応用 P.66,69,71

⑥ 完成図を参考に、画像「リース作成」をトリミングし、次のような効果を設定しましょう。

> 修整　　　：明るさ：+20%　コントラスト：0%（標準）
> アート効果：十字模様：エッチング

※完成図を参考に、画像の位置とサイズを調整しておきましょう。

応用 P.64,80

⑦ フォルダー「学習ファイル」の画像「リース」を挿入し、文字列の折り返しを「前面」に設定しましょう。

応用 P.75

⑧ 画像「リース」の背景を削除しましょう。
※完成図を参考に、画像の位置とサイズを調整しておきましょう。

応用 P.80,82

⑨ フォルダー「学習ファイル」の文書「フラワーサロン地図」の地図を図として貼り付け、文字列の折り返しを「前面」に設定しましょう。
※完成図を参考に、図の位置とサイズを調整しておきましょう。

※文書に「Lesson22完成」と名前を付けて、フォルダー「学習ファイル」に保存し、閉じておきましょう。
※文書「フラワーサロン地図」を保存せずに閉じておきましょう。

Lesson 23　第2章　写真を使った文書の作成

解答 ▶ P.29

完成図のような文書を作成しましょう。

 フォルダー「学習ファイル」の文書「Lesson23」を開いておきましょう。

●完成図

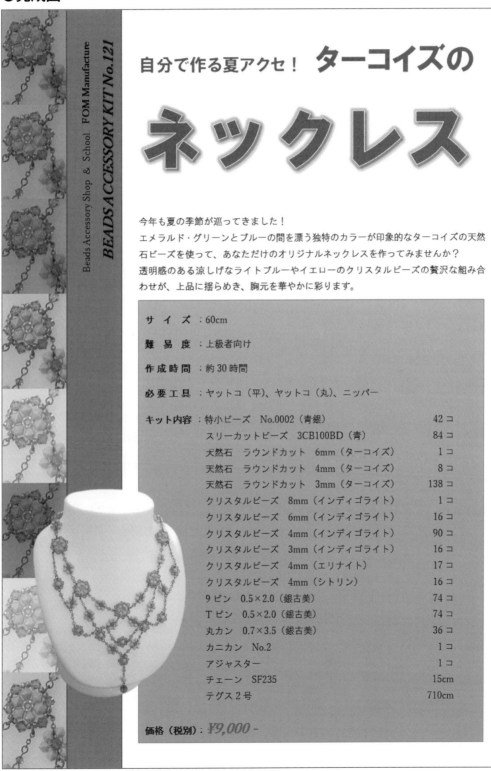

① 次のようにページを設定しましょう。

```
余白              ：上・下 10mm ／ 左 55mm ／ 右 15mm
日本語用のフォント：HGSゴシックM
フォントの色     ：濃い青
行数             ：43
```

② フォルダー「学習ファイル」の画像「ズーム画像」を挿入しましょう。
次に、文字列の折り返しを「前面」に設定し、左上に配置しましょう。

③ 画像「ズーム画像」を7つコピーし、完成図を参考に、用紙の左側に縦に並べましょう。
次に、上の画像から順番に次の色を設定しましょう。

```
1つ目の画像の色：ブルーグレー、テキストの色2濃色
2つ目の画像の色：青、アクセント1（濃）
3つ目の画像の色：オレンジ、アクセント2（濃）
4つ目の画像の色：緑、アクセント6（濃）
5つ目の画像の色：青、アクセント5（淡）
6つ目の画像の色：青、アクセント5（濃）
7つ目の画像の色：オレンジ、アクセント2（淡）
8つ目の画像の色：ゴールド、アクセント4（濃）
```

④ 青色のテキストボックスが最前面に表示されるように設定しましょう。

⑤ 青色のテキストボックスとすべての画像をグループ化しましょう。

⑥ 文末に、フォルダー「学習ファイル」のテキストファイル「ビーズキット紹介文」を挿入し、書式をクリアしましょう。

⑦ 横書きテキストボックスを作成し、作成したテキストボックスの中にフォルダー「学習ファイル」の文書「ビーズキット内容」を挿入しましょう。
次に、テキストボックスに次の書式を設定しましょう。

```
図形のスタイル：パステル-青、アクセント1
文字の配置    ：上下中央揃え
```

※完成図を参考に、横書きテキストボックスの位置とサイズを調整しておきましょう。

応用 P.64,80 ⑧ フォルダー「学習ファイル」の画像「ビーズアクセサリ」を挿入し、文字列の折り返しを「前面」に設定しましょう。

応用 P.75 ⑨ 画像「ビーズアクセサリ」の背景を削除しましょう。

応用 P.74 ⑩ 画像「ビーズアクセサリ」を左右反転して表示しましょう。
※完成図を参考に、画像の位置とサイズを調整しておきましょう。

※文書に「Lesson23完成」と名前を付けて、フォルダー「学習ファイル」に保存し、閉じておきましょう。

Lesson 24 第3章 差し込み印刷

解答 ▶ P.31

完成図のような文書を作成しましょう。

 フォルダー「学習ファイル」の文書「Lesson24」を開いておきましょう。

●完成図

桜ヶ丘百貨店　お得意様特別企画
映画鑑賞会のご案内

会員番号 2016001

池田　小百合　様

　拝啓　仲秋の候、時下ますますご清祥の段、お慶び申し上げます。平素はひとかたならぬ御愛顧を賜り、厚く御礼申し上げます。
　さて、日頃のご愛顧に感謝し、映画鑑賞会にご招待申し上げます。今回ご鑑賞いただく映画は、「幸福な人生」でございます。11月より全国公開予定で大変話題となっている映画です。ぜひともこの機会をお見逃しなく、ご鑑賞賜りたく、ご案内申し上げます。
　なお、当日は本状をご持参の上、ご来場賜りますようお願い申し上げます。

敬具

映画タイトル	幸福な人生
上　映　日	2016年11月15日(火)
上 映 時 間	14:00～16:30
会　　　場	桜ヶ丘百貨店　9F　大ホール

※本状で、2名様までご来場いただけます。

桜ヶ丘百貨店お客様窓口　　TEL：03-5402-XXXX

▶ブック「Lesson24_招待者リスト」

	A	B	C	D	E	F	G	H
1	会員番号	お名前	郵便番号	住所1	住所2	電話番号	上映日	上映時間
2	2016003	井上　真由美	231-0023	神奈川県	横浜市中区山下町6-4-X	045-312-XXXX	2016年11月12日（土）	14:00～16:30
3	2016004	田村　隆	236-0034	神奈川県	横浜市金沢区朝比奈町1-2-X	045-931-XXXX	2016年11月12日（土）	14:00～16:30
4	2016008	金沢　あゆみ	160-0023	東京都	新宿区西新宿10-5-XX	03-5433-XXXX	2016年11月12日（土）	14:00～16:30
5	2016010	中本　大輔	274-0077	千葉県	船橋市薬円台6-1-X	047-987-XXXX	2016年11月12日（土）	14:00～16:30
6	2016002	渡辺　直子	290-0051	千葉県	市原市君塚3-9-X	0436-22-XXXX	2016年11月12日（土）	17:00～19:30
7	2016007	江田　京介	220-0012	神奈川県	横浜市西区みなとみらい2-3-X	045-547-XXXX	2016年11月12日（土）	17:00～19:30
8	2016012	椿　芙由子	166-0001	東京都	杉並区阿佐ヶ谷北2-6-X	03-3312-XXXX	2016年11月12日（土）	17:00～19:30
9	2016001	池田　小百合	135-0091	東京都	港区台場1-5-X	03-5411-XXXX	2016年11月15日（火）	14:00～16:30
10	2016006	林　基子	157-0066	東京都	世田谷区成城8-6-XX	03-3418-XXXX	2016年11月15日（火）	14:00～16:30
11	2016009	内田　孝夫	241-0801	神奈川県	横浜市旭区若葉台5-1-X	045-423-XXXX	2016年11月15日（火）	14:00～16:30
12	2016005	長沼　文子	150-0031	東京都	渋谷区桜丘町7-X	03-4321-XXXX	2016年11月15日（火）	17:00～19:30
13	2016011	野田　千里	332-0012	埼玉県	川口市本町1-48-XXX	048-782-XXXX	2016年11月15日（火）	17:00～19:30
14								

応用 P.110　①　文書「Lesson24」を差し込み印刷のひな形の文書として設定しましょう。

応用 P.111　②　フォルダー「学習ファイル」のExcelのブック「Lesson24_招待者リスト」のシート「顧客」を宛先リストとして設定しましょう。ブック「Lesson24_招待者リスト」の1行目は、タイトル行として設定します。

応用 P.113　③　ひな形の文書に次の差し込みフィールドを挿入しましょう。

```
「会員番号」の後ろ　　　：会員番号
「□様」の前　　　　　　：お名前
表の2行2列目のセル　：上映日
表の3行2列目のセル　：上映時間
```

※□は全角空白を表します。

応用 P.113　④　差し込みフィールドに宛先リストのデータを差し込んで表示し、すべてのデータを確認しましょう。

応用 P.112　⑤　宛先リストを編集し、差し込みデータが会員番号の昇順で表示されるよう並べ替えましょう。

Hint 宛先リストを編集するには、《差し込み文書》タブ→《差し込み印刷の開始》グループの （アドレス帳の編集）を使います。

応用 P.112　⑥　宛先リストを編集し、会員番号「2016011」のデータを宛先から外しましょう。

応用 P.114　⑦　宛先リストのデータを差し込んですべての文書を印刷しましょう。

※文書に「Lesson24完成」と名前を付けて、フォルダー「学習ファイル」に保存し、閉じておきましょう。

Lesson 25 第3章 差し込み印刷

解答 ▶ P.32

完成図のような文書を作成しましょう。

 Wordを起動し、新しい文書を作成しておきましょう。

●完成図

〒105-0022 東京都港区海岸 1-5-X 　　　浜口ふみ　　様 　　　　　　　　　　　　No. 20160001	〒220-0011 神奈川県横浜市西区高島 2-16-X 　　　住吉奈々　　様 　　　　　　　　　　　　No. 20160003
〒160-0004 東京都新宿区四谷 3-4-X 　　　紀藤江里　　様 　　　　　　　　　　　　No. 20160004	〒101-0021 東京都千代田区外神田 8-9-X 　　　斉藤賢治　　様 　　　　　　　　　　　　No. 20160005
〒231-0868 神奈川県横浜市中区石川町 6-4-X 　　　大木紗枝　　様 　　　　　　　　　　　　No. 20160007	〒249-0006 神奈川県逗子市逗子 5-4-X 　　　桜田美祢　　様 　　　　　　　　　　　　No. 20160011
〒107-0062 東京都港区南青山 2-4-X 　　　北村博久　　様 　　　　　　　　　　　　No. 20160012	〒113-0031 東京都文京区根津 2-5-X 　　　黒田英華　　様 　　　　　　　　　　　　No. 20160015
〒220-0012 神奈川県横浜市西区みなとみらい 2-1-X 　　　高木沙耶香　　様 　　　　　　　　　　　　No. 20160017	〒231-0062 神奈川県横浜市中区桜木町 1-4-X 　　　菊池倫子　　様 　　　　　　　　　　　　No. 20160019
〒249-0007 神奈川県逗子市新宿 3-4-X 　　　野村博信　　様 　　　　　　　　　　　　No. 20160023	

▶ブック「Lesson25_DMリスト」

	A	B	C	D	E	F	G	H	I
1	会員番号	名前	郵便番号	住所1	住所2	電話番号	会員種別	生年月日	誕生月
2	20160001	浜口ふみ	105-0022	東京都	港区海岸1-5-X	03-5401-XXXX	ゴールド	1972/5/29	5
3	20160002	大原友香	222-0022	神奈川県	横浜市港北区篠原東1-8-X	045-331-XXXX	一般	1982/1/7	1
4	20160003	住吉奈々	220-0011	神奈川県	横浜市西区高島2-16-X	045-535-XXXX	ゴールド	1959/12/20	12
5	20160004	紀藤江里	160-0004	東京都	新宿区四谷3-4-X	03-3355-XXXX	ゴールド	1975/7/21	7
6	20160005	斉藤賢治	101-0021	東京都	千代田区外神田8-9-X	03-3425-XXXX	ゴールド	1975/4/5	4
7	20160006	富田優	241-0835	神奈川県	横浜市旭区柏町1-4-X	045-821-XXXX	一般	1979/11/13	11
8	20160007	大木紗枝	231-0868	神奈川県	横浜市中区石川町6-4-X	045-213-XXXX	ゴールド	1985/5/2	5
9	20160008	影山真子	231-0028	神奈川県	横浜市中区扇町1-2-X	045-355-XXXX	一般	1977/7/24	7
10	20160009	保井忍	150-0012	東京都	渋谷区広尾5-14-X	03-5563-XXXX	一般	1980/10/21	10
11	20160010	吉岡まり	251-0015	神奈川県	藤沢市川名1-5-X	0466-33-XXXX	一般	1969/12/15	12
12	20160011	桜田美祢	249-0006	神奈川県	逗子市逗子5-4-X	046-866-XXXX	ゴールド	1980/10/12	10
13	20160012	北村博久	107-0062	東京都	港区南青山2-4-X	03-5487-XXXX	ゴールド	1986/4/28	4
14	20160013	田嶋あかね	106-0045	東京都	港区麻布十番3-3-X	03-5644-XXXX	一般	1988/2/28	2
15	20160014	佐々木京香	223-0061	神奈川県	横浜市港北区日吉1-8-X	045-232-XXXX	一般	1978/8/24	8
16	20160015	黒田英華	113-0031	東京都	文京区根津2-5-X	03-3443-XXXX	ゴールド	1959/11/27	11
17	20160016	田中浩二	100-0004	東京都	千代田区大手町3-1-X	03-3351-XXXX	一般	1967/8/18	8
18	20160017	高木沙耶香	220-0012	神奈川県	横浜市西区みなとみらい2-1-X	045-544-XXXX	ゴールド	1981/9/20	9
19	20160018	遠藤正晴	160-0023	東京都	新宿区西新宿2-5-X	03-5635-XXXX	一般	1976/7/23	7
20	20160019	菊池倫子	231-0062	神奈川県	横浜市中区桜木町1-4-X	045-254-XXXX	ゴールド	1981/11/21	11
21	20160020	前原美智子	230-0051	神奈川県	横浜市鶴見区鶴見中央5-1-X	045-443-XXXX	一般	1967/6/26	6
22	20160021	吉田成俊	236-0042	神奈川県	横浜市金沢区釜利谷東2-2-X	045-983-XXXX	一般	1982/9/23	9
23	20160022	赤井義男	150-0013	東京都	渋谷区恵比寿4-6-X	03-3554-XXXX	一般	1978/3/20	3
24	20160023	野村博信	249-0007	神奈川県	逗子市新宿3-4-X	046-861-XXXX	ゴールド	1989/2/2	2
25	20160024	沖野隆	100-0005	東京都	千代田区丸の内6-2-X	03-3311-XXXX	一般	1980/8/13	8

応用 P.117 ① 新規文書をひな形の文書として設定し、次の宛名ラベルを作成しましょう。

```
プリンター      :ページプリンター
ラベルの製造元  :Hisago
製品番号        :Hisago FSCGB861
```

応用 P.118 ② フォルダー「学習ファイル」のExcelのブック「Lesson25_DMリスト」のシート「会員名簿」を宛先リストとして設定しましょう。ブック「Lesson25_DMリスト」の1行目は、タイトル行として設定します。

応用 P.119 ③ 会員種別が「ゴールド」の人だけを宛先として指定しましょう。

④ ひな形の文書に次のように差し込みフィールドを挿入しましょう。
また、文字を入力しましょう。

```
〒《郵便番号》↵
《住所1》《住所2》↵
↵
□□□《名前》□様↵
↵
No._《会員番号》
```

※↵で Enter を押して改行します。
※「〒」は「ゆうびん」と入力して変換します。
※□は全角空白を表します。
※_は半角空白を表します。

⑤ ひな形の文書の「《名前》 様」のフォントサイズを「14」ポイントに、「No.《会員番号》」を右揃えにしましょう。
次に、すべてのラベルに反映させましょう。

⑥ ひな形の文書に宛先リストのデータを差し込んで表示しましょう。
次に、ラベルに入力されている12件目の余分なデータを削除しましょう。

⑦ 宛名ラベルを印刷しましょう。

※文書に「Lesson25完成」と名前を付けて、フォルダー「学習ファイル」に保存し、閉じておきましょう。

Lesson 26 第4章 長文の作成

解答 ▶ P.34

完成図のような文書を作成しましょう。

 フォルダー「学習ファイル」の文書「Lesson26」を開いておきましょう。

●完成図

医療費制度

～医療費について考える～

FOM健康保険組合

STEP1. 領収書を知る

1. どんな領収書をもらっている？

私たちが買い物をしたとき、多くの場合、領収書やレシートをもらっていますが、これはお金を支払ったことに対する証明になるものです。レシートには、ひとつひとつの品名が記載されていて、あとから何がいくらだったかを知ることができます。病院などにかかったときも、受けた治療に対して代金を支払っているわけですから、領収書（レシート）をもらうのは当然といえるでしょう。

2. 医療費の内訳を知るには

ご存知のとおり、私たちは病院などで治療を受けたとき、健康保険組合に加入しているため、窓口では医療費の3割分を支払っています。

病院の窓口では、実際にかかった医療費の総額がわかる領収書をもらいます。領収書には診察料や投薬料などが記載されているためおおよその見当がつくにしろ、どんな治療内容で何にいくらかかったかということまではわかりません。これらの治療内容の詳細を知りたい場合、病院から健康保険組合に出される「レセプト（診療報酬明細書）」を確認する必要があります。

地域や病院によっても異なりますが、レセプトは開示を求めることができます。自分の受けた医療サービスや支払った医療費の内容を理解し、チェックすることは重要です。もし、疑問があったらレセプトを請求して、内容を確認してみましょう。

3. 領収書からわかるもの

医療の分野でも情報開示の流れが進んでいる現在、しっかりとした領収書を出す、出さないということが、その病院の姿勢を表しているといっても過言ではないでしょう。また、病院に対する評価の一部分を担うともいえるのではないでしょうか。

「適正な医療に適正な医療費」が叫ばれる中、私たちも医療に対するコスト意識をもたなければなりません。病院の領収書やレセプトが大きな役割を果たすとともに、医療や病院について知る貴重な情報源であるともいえるでしょう。

STEP2.領収書を活用する

1. 医療費控除とは

医療費の自己負担が年間10万円を超えると税金が戻ってきます。この制度を「医療費控除」といいます。その年の1月1日から12月31日までの間で家計を共にする家族の医療費の合計が10万円を超えた場合は、申告すると、超えた額が所得額から控除され、控除分に見合う税金が戻ってきます。

(1) 医療費控除額の算出方法

医療費控除の対象となる金額は、次の式で計算した[1]金額です。

ただし、1年間に支払った医療費の合計から、生命保険や損害保険からの入院費給付金、健康保険などからの高額療養費、出産育児一時金などの金額は差し引かなければなりません。

(2) 申告方法

医療費控除に関する事項を記載した確定申告書を所轄税務署長に提出します。申告用紙はインターネットからダウンロードすることもできます。インターネットに接続できない場合は、郵送してもらうこともできるので、最寄りの税務署に聞いてみましょう。申告する際には、「病院等の領収書」「源泉徴収票（原本）」「印鑑」を用意します。

(3) 申告の時期

医療費控除を受けるには、確定申告が必要です。そのため、確定申告の期間（毎年2月16日～3月15日）に還付申告を行います。ただし、確定申告の義務のないサラリーマンなどの場合は、確定申告の期間に関係なく還付申告ができます。還付申告できる期間は、申告書を提出できる日から5年以内です。

---

[1] 平成28年6月現在

2. 医療費控除の対象

医療費控除の対象になる支出は「治療のために必要なもの」であることが条件です。交通費など領収書がないものは、支出を記録しておきましょう。

(1) 医療費控除の対象になるもの

医療費控除の対象になるものは次のとおりです。

表 2-1

診療や治療の対価	治療費の自己負担分、薬代、入院時の食事代、助産婦費用、虫歯の治療費（保険外含む）、子どもの歯列矯正
交通費	通院のための交通費
薬局での購入費	医師の処方せんに基づいて購入した医薬品
器具・材料	医師の指示による血圧計、松葉杖、補聴器等の医療器具購入代など
その他	病気治療のためのマッサージ、鍼灸、柔道整復師の施術費

(2) 医療費控除の対象にならないもの

医療費控除の対象にならないものは次のとおりです。

表 2-2

診療や治療の対価	美容整形、人間ドック費用、検診、予防接種、眼鏡・コンタクトレンズ購入時の眼科受診料、美容のための歯列矯正、歯石除去の費用
交通費	自家用車のガソリン代、出産で実家に帰る際の交通費
薬局での購入費	日常で使用するための眼鏡、コンタクトレンズの購入
器具・材料	治療が目的でない保健薬、健康食品の購入費
その他	スポーツクラブの利用料

(3) 条件付きで対象になるもの

条件付きで医療費控除の対象になるものは次のとおりです。

表 2-3

診療や治療の対価	ベッド、特別室の費用（病状等による）、治療のために行う大人の歯列矯正
交通費	タクシー代（電車・バスでの移動が困難な場合）
薬局での購入費	医師の処方せんのない医薬品（極端に高価なものを除く）
器具・材料	高齢者の紙オムツ代、松葉杖、車いす（通院治療のため必要な場合）
その他	ケアハウスの利用で医師の証明がある場合

STEP3. ムダをなくす

1. 治療内容への理解

医師に診てもらって「症状が良くならないから、別の病院に行こうかな…」と考えたことはありませんか？転院を考えるときは、次のような場合が多くあるようです。

- 慢性病で長くかかっているが、同じ治療の連続で一向に快方に向かわない。
- 急性の症状で診てもらったが、診断がどうもはっきりしない。

基本的に、治療の途中で転院するのは必ずしも得策ではありません。急性症状で始まっても、合併症が出て治療が長引くこともありますし、特に慢性的な病気は、継続的かつ長期的な視野で治療しなければならない場合があります。むやみに転院すると、同じような検査を繰り返すなど、時間や医療費がムダになるばかりでなく、検査で治療が中断され継続的な治療が続けられなくなる可能性もあります。

先のような理由で転院を考えるなら、まず今かかっている医師に疑問や不満を述べ、説明を求めることが重要です。治療方針に納得がいけば医師との信頼関係が生まれ、治療効果が上がることも期待できるのです。

2. 適正な検査と投薬

薬には副作用がつきものですが、それよりも大きな治療効果が得られるときに処方されます。また、X線検査やCT検査などで患者が浴びるX線量は問題になるほどの量ではありませんが、やはり意味もなく受けるものではないでしょう。X線検査やCT検査を受けるとだいたい1万円以上かかります。しかし、「患者負担は3割だから」と気安く無理に検査をねだったりすると、これは医療費のムダづかいにつながります。検査や投薬は診察した医師の判断で行われるものです。自分の健康のためにも、医療費のムダづかい解消のためにも、医師との相互理解が必要です。

3. 適正な治療を

患者と医師との相互理解は、現在「インフォームド・コンセント（Informed Consent）」という言葉で言い表されています。まず、治療を行う医師が患者に治療方針、内容、検査、投薬などについて十分な説明を行います。患者は、その内容をよく理解し、納得した上で、治療を受けることが重要とされています。患者は、自分の病気と医療行為について、知りたいことを知る権利があり、治療方法を自分で決め、決定する権利を持つのです。また、そのためには私たちも症状、病歴、体質などを的確に医師に伝えることが必要になるでしょう。

---

 ① ステータスバーに行数を表示しましょう。

 ② 次のように見出しを設定しましょう。

1ページ1行目	「領収書を知る」	：見出し1
1ページ2行目	「どんな領収書をもらっている？」	：見出し2
1ページ7行目	「領収書からわかるもの」	：見出し2
1ページ14行目	「医療費の内訳を知るには」	：見出し2
1ページ24行目	「領収書を活用する」	：見出し1
1ページ25行目	「医療費控除とは」	：見出し2
1ページ29行目	「医療費控除額の算出方法」	：見出し3
1ページ34行目	「申告方法」	：見出し3
2ページ5行目	「申告の時期」	：見出し2
2ページ9行目	「医療費控除の対象」	：見出し2
2ページ12行目	「医療費控除の対象になるもの」	：見出し3
2ページ20行目	「医療費控除の対象にならないもの」	：見出し3
2ページ28行目	「条件付きで対象になるもの」	：見出し3
2ページ36行目	「ムダをなくす」	：見出し1
2ページ37行目	「治療内容への理解」	：見出し2
3ページ10行目	「適正な検査と投薬」	：見出し2
3ページ17行目	「適正な治療を」	：見出し2

応用 P.136,140 ③ ナビゲーションウィンドウを使って、見出し「領収書からわかるもの」を見出し「医療費の内訳を知るには」の後ろに移動しましょう。

応用 P.139 ④ ナビゲーションウィンドウを使って、「申告の時期」の見出しのレベルを1段階下げましょう。

応用 P.143 ⑤ スタイルセット「影付き」を適用しましょう。

応用 P.143 ⑥ 見出し1から見出し3のスタイルを次のように変更し、更新しましょう。

●見出し1

フォントサイズ：14ポイント

●見出し2

太字

●見出し3

左インデント　：0mm

応用 P.147 ⑦ 見出し1から見出し3に次のアウトライン番号を設定しましょう。それぞれの番号に続く空白の扱いはスペースにします。

見出し1：STEP1.
見出し2：1.
見出し3：(1)

Hint 《ホーム》タブ→《段落》グループの（アウトライン）→《リストライブラリ》の《1.、1.1.、1.1.1.》（インデントが設定されていないもの）をもとにして設定後、それぞれの見出しを修正します。

応用 P.167 ⑧ 2ページ5行目の「医療費控除の対象となる金額は、次の式で計算した」の後ろに次のように脚注を挿入しましょう。

脚注内容：平成28年6月現在

応用 P.169

⑨ 文書内の表の上側に次のように図表番号を挿入しましょう。

```
「(1) 医療費控除の対象になるもの」の表      ：表2-1
「(2) 医療費控除の対象にならないもの」の表    ：表2-2
「(3) 条件付きで対象になるもの」の表        ：表2-3
```

次に、それぞれの表の段落前後に設定されている間隔を削除し、行間を「1.0」に設定しましょう。

> **Hint** 段落前後に設定されている間隔を削除するには、《ホーム》タブ→《段落》グループの （行と段落の間隔）→《段落前の間隔を削除》/《段落後の間隔を削除》を使います。

応用 P.161

⑩ 見出し「STEP2．領収書を活用する」、「2．医療費控除の対象」がそれぞれページの先頭になるように改ページを挿入しましょう。

応用 P.150

⑪ 組み込みスタイル「サイドライン」を使って表紙を挿入し、次のように入力しましょう。

```
会社        ：削除
タイトル      ：医療費制度
サブタイトル   ：～医療費について考える～
作成者       ：FOM健康保険組合
日付        ：削除
```

※「～」は「から」と入力して変換します。

応用 P.150

⑫ 表紙のコンテンツコントロールに次の書式を設定しましょう。

●タイトル

```
フォントサイズ   ：55ポイント
文字の効果（影）：オフセット（下）
```

●サブタイトル

```
フォント       ：HGPゴシックM
フォントサイズ   ：24ポイント
```

●作成者

```
フォント：HGPゴシックM
太字
```

※文書に「Lesson26完成」と名前を付けて、フォルダー「学習ファイル」に保存し、閉じておきましょう。

Lesson 27 第4章 長文の作成

解答 ▶ P.36

完成図のような文書を作成しましょう。

File OPEN フォルダー「学習ファイル」の文書「Lesson27」を開いておきましょう。

●完成図

```
目次
第1章 【出　生】......................................................1
　1　誕生..............................................................1
　2　両親..............................................................1
第2章 【故　郷】......................................................1
　1　横浜市の成長..................................................1
　2　横浜中華街....................................................1
　3　山下公園.......................................................2
第3章 【幼少から学生時代】.......................................2
　1　小学校の時....................................................2
　2　中学校の時....................................................2
　3　高校の時.......................................................3
第4章 【結婚・娘の誕生】..........................................3
　1　結婚..............................................................3
　2　待望の娘の誕生...............................................3
　3　娘の紹介と成長記録.........................................3
　4　娘の学生時代.................................................3
　5　教育方針の違い...............................................4
　6　娘の結婚.......................................................4
第5章 【退職後の過ごし方】.......................................4
　1　庭いじり.......................................................4
　2　散歩............................................................4
```

自分史を綴る

第1章 【出　生】

1　誕生
昭和20年9月21日、五人兄弟の長男として、横浜市根岸で生まれる。

昭和17年から日本本土への空襲がはじまり、ついに昭和20年に広島、長崎に原爆が投下され、戦争が終わった。私は終戦直後に生まれた子供である。

「豊」という名前の名付け親は祖母である。貧窮していた時代なので、経済的にも心も豊かにという意味で考えたという。父も母も名前はあれこれ考えていたようで候補はたくさんあったようだが、祖母に名付け親の立場を譲ったようだ。

ただし、私の名前を決めた話には、後日談がある。「豊」というのは、実は祖母の初恋の人の名前だったらしい。

2　両親
父・日出男（ひでお）は大正11年、母・静子（しずこ）は大正13年に山口県で生まれた。父は六人兄弟の長男で、体も話す声も大きく、男らしい性格であった。野球が好きで、私をプロ野球の選手にするのだと、少々迷惑な夢を持っていた。そのため、幼い時から父とよく野球をして遊んだ。それに対して、母は五人兄弟の末っ子で、どちらかというと内向的な性格であった。私たち夫婦とは逆である。（言うとまた妻に叱られるが…）

父はとても厳しい人だったので、父の言うことを聞かないとよくビンタをされた。母はおろおろして見ていたが、父がいなくなると、あとでこっそり芋やかぼちゃを食べさせてくれた。

第2章 【故　郷】

1　横浜市の成長
私が生まれた頃から比べると、横浜も随分変わったものだ。昔から港やおしゃれな街というイメージがあったが、「赤レンガパーク」や「クイーンズスクエア横浜」など家族や友達と遊びに行ける場所が増えた。私の年齢層を考えると、少々訪れにくい場所もあるかと思ったがそうでもなく、休日には意外と熟年層、家族連れが多い。

これからも新しいテーマパークやスポットができたら、どんどん足を運んでみるつもりだ。

2　横浜中華街
先日、久しぶりに横浜中華街に行った。今でこそ約二百軒の料理店が並んでいるが、私が生まれた頃はほんの二十軒ほどしか店がなかった。昭和47年の日中国交回復から、どんどん店が増えていって、現

p.1

在のような横浜中華街になった。みなとみらい線に乗りながら、子供の頃はじめて中華街に行ったことを思い出していた。大学生だろうか、学生がたくさんいて、楽しそうに話しながら肉まんを食べている。この世代の人たちの中で横浜中華街の変貌ぶりに思いをはせる人はいまい。

3 山下公園
娘が子供の時によく行ったものだ。懐かしいので久しぶりに行ってみた。公園内をぐるりと散歩した。しばらく歩いたあと、「赤い靴の女の子」の像に、お久しぶりと挨拶。赤い靴の女の子は今日も膝を抱えて座り、横浜から海を見ている。

近くのベンチに腰を下ろしていると、母と子がジュースを飲みながら話していた。「おかあさん、なんで空は青いの」「なんで夏は暑いの」と子供が聞いている。「なんでなんで」攻撃だ。この年頃の子供はよくこの手の攻撃を仕掛けてくる。おかあさんは、子供の夢を壊さないように言葉を選んで答えていた。一生懸命な横顔に「ご苦労様です」と心の中でつぶやく。でも、我が娘の「遊んで！遊んで！」攻撃はもっと強力だった。あれには本当にまいった。

第3章 【幼少から学生時代】

1 小学校の時
我が家は裕福なほうではなかったので、幼稚園には行かなかった。そのため、集団生活は小学校が初めてであった。

家から徒歩十分くらいのところにある「日〇〇〇〇〇〇〇〇〇〇〇〇〇〇〇〇〇〇〇〇〇〇校の校庭と繋がっている。当時、ベビーブー〇〇〇〇〇〇〇〇〇〇〇〇〇〇〇〇〇〇〇〇〇〇りなくなり校庭にプレハブ小屋が建てられた〇〇〇〇〇〇〇〇〇〇〇〇〇〇〇〇〇〇〇〇〇〇た子がうらやましかった。今、思い返してみ〇〇〇〇〇〇〇〇〇〇〇〇〇〇〇〇〇〇〇〇〇〇寒くていいと思えるところはひとつもない。〇〇〇〇〇〇〇〇〇〇〇〇〇〇〇〇〇〇〇〇〇〇ように思えた。子供は何をうらやましがるか〇〇〇〇〇〇〇〇〇〇〇〇〇〇〇〇〇〇〇〇〇〇

2 中学校の時
中学は小学校の隣の「朝日中学校」に通った〇〇〇〇〇〇〇〇〇〇〇〇〇〇〇〇〇〇〇〇〇〇も、友達を作るのに苦労しないのが嬉しかっ〇〇〇〇〇〇〇〇〇〇〇〇〇〇〇〇〇〇〇〇〇〇

勉強はあまりできるほうではなかった。親か〇〇〇〇〇〇〇〇〇〇〇〇〇〇〇〇〇〇〇〇〇〇ら早速、父に叩かれた。

父もあまり勉強ができるほうではなかったら〇〇〇〇〇〇〇〇〇〇〇〇〇〇〇〇〇〇〇〇〇〇見せてくれた。父よ、これでは無理だ。トン〇〇〇〇〇〇〇〇〇〇〇〇〇〇〇〇〇〇〇〇〇〇

> 自分史を綴る

父の影響で子供の時から野球ばかりしていたので、中学校では野球部に所属していた。ふだんは「勉強しろ」と厳しく言う父も、野球に没頭している姿を見ると黙っていた。

3 高校の時
父の協力のおかげか、野球で才能を発揮し、スポーツ推薦で「柳第一高等学校」へ入学することができた。野球の名門校で、私が在学中も甲子園に二度出場した。そこで、高校時代は野球一色の毎日を送った。甲子園の経験は一生の思い出である。その後、大学には進学しなかったので、高校生の三年間が最後の学生時代であった。

第4章 【結婚・娘の誕生】

1 結婚
二十三歳の時に結婚した。妻は小学生からの幼なじみだった。よく言えば、気心知れた仲で安心できるのだが、私の子供時代も知っているのでたちが悪い。父親に叱られて泣いたところやドブに足を突っ込んだところも見られているのである。

2 待望の娘の誕生
結婚して二年が過ぎた頃、そろそろ子供が欲しいという話題によくなった。その頃弟のお嫁さんが二人目を出産したので、親族でお披露目会を開いた〇〇〇一郎二太郎、まさに理想的。妻は弟夫婦をとてもうらやましがっていた。

そんな私たち夫婦も結婚三年目にして、やっ〇〇〇〇〇〇〇〇〇〇〇〇〇〇〇〇〇〇〇〇〇〇に似ている」と言い張る。

3 娘の紹介と成長記録
名前は優子。私の母が優雅で優しい子に育っ〇〇〇〇〇〇〇〇〇〇〇〇〇〇〇〇〇〇〇〇〇〇

昭和46年7月20日生まれ。星座はかに座で〇〇〇〇〇〇〇〇〇〇〇〇〇〇〇〇〇〇〇〇〇〇重を増やしている。早くも両親の頑健さを引〇〇〇〇〇〇〇〇〇〇〇〇〇〇〇〇〇〇〇〇〇〇

4 娘の学生時代
娘の小学校の通信簿を見ると、まあまあ成績〇〇〇〇〇〇〇〇〇〇〇〇〇〇〇〇〇〇〇〇〇〇言葉」の欄に「先生や友達の話を最後まで聞〇〇〇〇〇〇〇〇〇〇〇〇〇〇〇〇〇〇〇〇〇〇

高校に入学した頃から、娘は語学に関心を持〇〇〇〇〇〇〇〇〇〇〇〇〇〇〇〇〇〇〇〇〇〇もしない子なので、合っているかもしれない〇〇〇〇〇〇〇〇〇〇〇〇〇〇〇〇〇〇〇〇〇〇合いなど、いつも忙しい毎日を送っていた。

p.3

5 教育方針の違い
妻は自分が厳しく育てられ、よく勉強ができたせいか、あまり子供に対して勉強しろとうるさく言わない。どちらかというと自由でおおらかな子に育てたいようである。確かに女の子だから、かわいらしいお嫁さんになってほしいところではあるが、私は自分が学歴で苦労したせいか、ついつい「勉強しなさい」と言ってしまう。早くも小学校の時ぐらいから、「そろそろお父さんは嫌われたかな」と思うことがあった。

6 娘の結婚
娘に結婚したい人がいるので、明日つれて来ると言われた。ついに、その時が来たか。テレビドラマで「お父さんは絶対反対だ！」とか言っている映像が頭に浮かぶ。まず、なんて言葉から言おうとか、相手がこんな感じだったらこういう態度をしようとか、あれこれ考えた。

次の日、娘がつれて来た背の高い男をひと目見て、言葉を失った。髪の毛の色は黒ではない。目は灰色か青色が混ざったような色。実家はパリとのこと。つまり、娘はフランス人と国際結婚をしたいというのである。私の世代でフランス人の彼を紹介されて、驚かない父親がいるだろうか。

その後、順調に交際を続け、結婚後は娘はパリで暮らすことになった。無事に二人の孫も生まれ、幸せな毎日である。だが、娘よ、君が大学で熱心に勉強していたのはスペイン語ではなかったか。

第5章 【退職後の過ごし方】

1 庭いじり
最近できた趣味が「庭いじり」である。「ガーデニング」なんていうほどおしゃれではない。勝手に庭に好きなものを咲かせているレベルである。会社に勤めていた頃は、花を植えようなんて考えたこともなかった。きれいに咲いた花をデジタルカメラで撮影して作品集を作る毎日である。

2 散歩
庭いじりが好きになってから、自然に触れることも好きになった。近くの神社や遊歩道を散歩するのが楽しみになってきた。でも、興味を持つとのめり込むタイプの私は、さらに山歩き、国内の名所めぐりと散歩の範囲を広げていった。今では海外にまで散歩に行っている。先日はインドまで散歩に行ってきた。

あくまでも散歩、散歩。妻よ、怒ることなかれ。

p.4

応用 P.132　① ステータスバーに行数を表示しましょう。

応用 P.133　② 次のように見出しを設定しましょう。

1ページ4行目	「【出　生】」	：見出し1
1ページ5行目	「誕生」	：見出し2
1ページ14行目	「両親」	：見出し2
1ページ22行目	「【故　郷】」	：見出し1
1ページ23行目	「横浜中華街」	：見出し2
1ページ29行目	「山下公園」	：見出し2
1ページ38行目	「横浜市の成長」	：見出し2
2ページ6行目	「【幼少から学生時代】」	：見出し1
2ページ7行目	「小学校の時」	：見出し2
2ページ16行目	「中学校の時」	：見出し2
2ページ25行目	「高校の時」	：見出し2
2ページ30行目	「【結婚・娘の誕生】」	：見出し1
2ページ31行目	「結婚」	：見出し2
2ページ35行目	「待望の娘の誕生」	：見出し2
3ページ3行目	「娘の紹介と成長記録」	：見出し2
3ページ7行目	「娘の学生時代」	：見出し2
3ページ13行目	「教育方針の違い」	：見出し2
3ページ19行目	「娘の結婚」	：見出し2
3ページ28行目	「【退職後の過ごし方】」	：見出し1
3ページ29行目	「庭いじり」	：見出し2
3ページ33行目	「散歩」	：見出し2

応用 P.143　③ スタイルセット「線（シンプル）」を適用しましょう。

応用 P.143　④ 見出し2のスタイルを次のように変更し、更新しましょう。

フォント　　　：HG創英角ゴシックUB
フォントサイズ：12ポイント

応用 P.147　⑤ 見出し1から見出し2に次のアウトライン番号を設定しましょう。それぞれの番号に続く空白の扱いはスペースにします。

見出し1　　：第1章
見出し2　　：1

Hint　《ホーム》タブ→《段落》グループの（アウトライン）→《リストライブラリ》の《第1章、第1節、第1項》を設定後、それぞれの見出しを修正します。

⑥ 見出しスタイルの設定されている項目を抜き出して、1ページ2行目に次のような目次を作成しましょう。

```
ページ番号        ：右揃え
書式              ：フォーマル
タブリーダー      ：--------
アウトラインレベル：2
```

次に、本文が目次の次のページから始まるように改ページを挿入しましょう。

⑦ 組み込みスタイル「サイドライン」を使って、奇数ページのヘッダーに文書のタイトル「自分史を綴る」を挿入しましょう。

⑧ 組み込みスタイル「オースティン」を使って、フッターにページ番号を挿入し、次の書式を設定しましょう。

```
偶数ページのページ番号 ：右に表示
奇数ページのページ番号 ：左に表示
```

次に、ページ番号は目次のページには表示させないようにしましょう。

Hint
・先頭ページだけ別にヘッダー/フッターを設定するには、《ヘッダー/フッターツール》の《デザイン》タブ→《オプション》グループを使います。
・2ページ目から本文が開始する文書で、本文のページ番号を「1」から開始するには、《ヘッダー/フッターツール》の《デザイン》タブ→《ヘッダーとフッター》グループの ページ番号▼ (ページ番号の追加)→《ページ番号の書式設定》を使います。

⑨ ナビゲーションウィンドウを使って、見出し「3　横浜市の成長」を見出し「1　横浜中華街」の前に移動しましょう。

⑩ 目次をすべて更新しましょう。

※文書に「Lesson27完成」と名前を付けて、フォルダー「学習ファイル」に保存し、閉じておきましょう。

Lesson 28　第5章　文書の校閲

解答 ▶ P.38

完成図のような文書を作成しましょう。

File OPEN　フォルダー「学習ファイル」の文書「Lesson28」を開いておきましょう。

●完成図

営企 No.）2016-076
2016 年 7 月 1 日

新商品拡販施策会議　議事録

日時	2016 年 7 月 1 日（金）午後 1 時～午後 3 時
場所	本社 7 階　第 4 会議室
議題	新製品「Natural Laboratory」の拡販計画について
出席者 （敬称略）	第一営業部）永田部長、反町課長、戸倉、岡 第二営業部）市川部長、園課長、大桃 第三営業部）藤原部長、飯島課長、渡辺 営業企画部）山田部長、石井課長、早川
議事進行	営業企画部）山田部長
記録者	営業企画部）早川
議事	1.　新商品の市場調査結果とその対策について 2.　新商品拡販計画の一部見直しについて 3.　次回会議日程

1. **新商品の市場調査結果について**
   - 営業企画部）石井課長より、ネットリサーチの結果を説明。（別紙参照）
   - 第一営業部）永田部長より、ネットリサーチでは、シルバー層の回答サンプルが不足しているので、団塊世代限定のリサーチの深耕が必要との指摘あり。
   - 再度リサーチを行うことを決定。

2. **新商品の拡販計画の一部見直しについて**
   - 第一営業部）戸倉殿より、新商品の拡販計画の一部見直し案について内容を説明。（別紙参照）
   - 見直し後の拡販計画について、満場一致で承認。

3. **次回会議日程**
   日程：2016 年 8 月 1 日（月）　午後 1 時～午後 3 時
   場所：本社 7 階　第 2 会議室

石井
次回の会議までにリサーチ結果が発表できるように準備してください。

早川
7 月 25 日までに結果をご報告します。

| 応用 P.180 | ① | 自動スペルチェックによりチェックされている、「Laboratury」を「Laboratory」に修正しましょう。 |

| 応用 P.177 | ② | 自動文章校正によりチェックされている、い抜き言葉の「してるので」を「しているので」に修正しましょう。 |

| 応用 P.178 | ③ | 表記ゆれチェックを使って、カタカナの表記ゆれを全角のカタカナに修正しましょう。 |

| 応用 P.182 | ④ | ミニ翻訳ツールを使って、英単語「Laboratory」の意味を調べましょう。確認後、ミニ翻訳ツールを終了しましょう。 |

| 応用 P.193,195 | ⑤ | 変更履歴を表示して、変更内容をすべて承諾しましょう。

Hint 変更内容をすべて承諾するには、《校閲》タブ→《変更箇所》グループの （承諾して次へ進む）の 承諾 →《すべての変更を反映》を使います。

| 応用 P.185 | ⑥ | コメントに表示されるユーザー名を確認しましょう。

| 応用 P.188 | ⑦ | 挿入されているコメントに、「7月25日までに結果をご報告します。」と返答しましょう。

Hint 挿入されているコメントに返答するには、コメントをポイント→ を使います。

※文書に「Lesson28完成」と名前を付けて、フォルダー「学習ファイル」に保存し、閉じておきましょう。

Lesson 29　第5章　文書の校閲

解答 ▶ P.39

完成図のような文書を作成しましょう。

　フォルダー「学習ファイル」の文書「Lesson29」を開いておきましょう。

●完成図

●文書を比較した結果

① 応用 P.180　自動スペルチェックによりチェックされている、「Repolt」を「Report」に修正しましょう。

② 応用 P.178　表記ゆれチェックを使って、「ウオーキング」を「ウォーキング」に修正しましょう。

③ 応用 P.178　表記ゆれチェックを使って、カタカナの表記ゆれを全角のカタカナに修正しましょう。

④ 応用 P.177　自動文章校正によりチェックされている、い抜き言葉の「楽しんでると」を「楽しんでいると」に修正しましょう。

⑤ 応用 P.190　「「準備運動の重要性」は、…」のコメントを削除しましょう。

⑥ 応用 P.191　変更履歴の記録を開始し、次のように校閲しましょう。

> 10行目：「という、ごく」を削除
> 15行目：「スポーツをする前の準備運動の重要性はおわかりいただけたでしょうか。」の行を削除
> 25行目：「仕事の合間」の後ろに「や入浴後」を追加

※行数を確認する場合は、ステータスバーを右クリック→《行番号》をクリックして、行番号を表示します。

⑦ 応用 P.193,195　変更履歴を表示して、変更内容を次のように反映しましょう。

> 10行目：元に戻す
> 15行目：反映
> 25行目：反映

※文書に「Lesson29完成」と名前を付けて、フォルダー「学習ファイル」に保存し、閉じておきましょう。

⑧ 応用 P.198　⑦で保存した文書「Lesson29完成」をもとに、文書「Lesson29比較用」との違いを比較して、相違点を新しい文書に表示しましょう。

※比較結果の文書は保存せずに閉じておきましょう。

Lesson 30　第6章　Excelデータを利用した文書の作成

解答 ▶ P.40

完成図のような文書を作成しましょう。

 フォルダー「学習ファイル」の文書「Lesson30」とExcelのブック「入会者数集計表」を開いておきましょう。

●完成図

2016年10月14日

各校　責任者各位

本社）管理部

2016年度上期　新規入会者数について

2016年度上期の新規入会者について、集計結果をご報告いたします。
今年度からウクレレコースを新設いたしましたが、順調な伸びで予想を上回る結果となりました。
2016年度下期は、サービスの質の向上および積極的なPR活動に重点をおき、新規入会者のさらなる獲得を目標にご尽力いただきますようお願いいたします。

記

【集計結果】

コース名	ピアノ	ギター	バイオリン	フルート	ボーカル	ウクレレ	合計	備考
4月	90	78	31	25	18	8	250	入会金¥0キャンペーン
5月	65	45	8	15	24	6	163	
6月	49	40	10	8	22	15	144	
7月	79	36	30	32	40	28	245	入会金¥0キャンペーン
8月	60	39	18	24	29	18	188	
9月	104	110	33	32	41	30	350	入会金¥0キャンペーン
合計	447	348	130	136	174	105	1,340	

【入会者数推移】

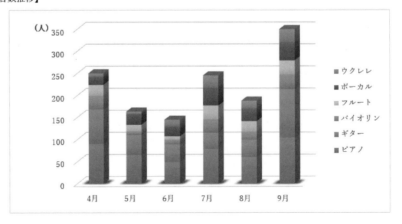

以上

▶ブック「入会者数集計表」

応用 P.210　① 「【集計結果】」の下の行に、Excelのブック「入会者数集計表」の表を元の書式を保持してリンク貼り付けましょう。

応用 P.212　② 「【集計結果】」の表の上にある空白行を削除しましょう。

応用 P.206　③ 「【入会者数推移】」の下の行に、Excelのブック「入会者数集計表」のグラフを、貼り付け先のテーマを使用してリンク貼り付けしましょう。
次に、グラフ全体を行の中央に配置しましょう。

応用 P.213　④ Excelのブック「入会者数集計表」のウクレレの9月の人数を「30」に変更し、文書内の表に変更を反映しましょう。

応用 P.215　⑤ リンク貼り付けされた表とグラフのリンクを解除しましょう。

Hint　リンクを解除するには、表を右クリック→《リンクされたワークシートオブジェクト》→《リンクの設定》を使います。

※文書に「Lesson30完成」と名前を付けて、フォルダー「学習ファイル」に保存し、閉じておきましょう。
※Excelのブック「入会者数集計表」を保存せずに閉じておきましょう。

Lesson31 第6章 Excelデータを利用した文書の作成

解答 ▶ P.41

完成図のような文書を作成しましょう。

File OPEN フォルダー「学習ファイル」の文書「Lesson31」とExcelのブック「イベント開催結果」を開いておきましょう。

●完成図

2016年10月27日

関係者各位

広報部

「FOM ビューティ・ワールド 2016」開催結果ご報告

10月20日(木)～23日(日)に開催した掲記イベントの開催結果について、下記のとおり集計結果をご報告いたします。

開催期間中、合計4,207名のご来場を得て、各コーナーともに好評をいただきました。開催にあたり、ご協力を頂きました皆様に、この場を借りて御礼申し上げます。

記

◆来場者数（人）

	2016				前年比			
	ご招待	一般	プレス	合計	ご招待	一般	プレス	合計
10月20日(木)	458	357	36	851	116%	119%	171%	119%
10月21日(金)	587	402	24	1,013	98%	83%	218%	92%
10月22日(土)	768	524	18	1,310	119%	105%	106%	113%
10月23日(日)	641	387	5	1,033	107%	120%	71%	112%
合計	2,454	1,670	83	4,207	110%	104%	148%	108%

◆アンケート集計結果

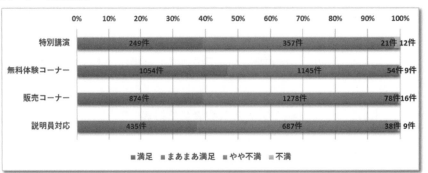

以上

担当：広報部　杉浦
内線：344-XXXX

▶ブック「イベント開催結果」

	A	B	C	D	E	F	G	H	I	J	K	L	M
1	「FOMビューティ・ワールド」来場者数集計結果												
2													(人)
3		2016				前年比				2015			
4		ご招待	一般	プレス	合計	ご招待	一般	プレス	合計	ご招待	一般	プレス	合計
5	10月20日(木)	458	357	36	851	116%	119%	171%	119%	394	301	21	716
6	10月21日(金)	587	402	24	1,013	98%	83%	218%	92%	601	487	11	1,099
7	10月22日(土)	768	524	18	1,310	119%	105%	106%	113%	645	499	17	1,161
8	10月23日(日)	641	387	5	1,033	107%	120%	71%	112%	597	322	7	926
9	合計	2,454	1,670	83	4,207	110%	104%	148%	108%	2,237	1,609	56	3,902

来場者数　アンケート結果

	A	B	C	D	E	F
1						
2						(件数)
3		満足	まあまあ満足	やや不満	不満	合計
4	特別講演	249	357	21	12	639
5	無料体験コーナー	1,054	1,145	54	9	2,262
6	販売コーナー	874	1,278	78	16	2,246
7	説明員対応	435	687	38	9	1,169
8	合計	2,612	3,467	191	46	6,316

（グラフ：100%積み上げ横棒グラフ　特別講演／無料体験コーナー／販売コーナー／説明員対応、凡例：■満足　■まあまあ満足　■やや不満　■不満）

来場者数　アンケート結果

応用 P.208　① 「◆来場者数（人）」の下の行に、Excelのブック「イベント開催結果」のシート「来場者数」のセル範囲【A3:I9】を貼り付けましょう。

応用 P.208　② 完成図を参考に、表のサイズを調整しましょう。
次に、「ご招待」から「108%」までの列幅を等間隔にそろえましょう。

応用 P.206　③ 「◆アンケート集計結果」の下の行に、Excelのブック「イベント開催結果」のシート「アンケート結果」のグラフを、図として貼り付けましょう。

応用 P.215　④ グラフに、「オフセット（斜め右下）」の影を設定しましょう。

※文書に「Lesson31完成」と名前を付けて、フォルダー「学習ファイル」に保存し、閉じておきましょう。
※Excelのブック「イベント開催結果」を保存せずに閉じておきましょう。

Lesson32 第7章 便利な機能

解答 ▶ P.42

完成図のような文書を作成しましょう。

フォルダー「学習ファイル」の文書「Lesson32」を開いておきましょう。

●完成図

●「議事録フォーマット」

① 文書のプロパティに、次の情報を設定しましょう。

> タイトル：議事録
> 会社名　：エフオーエム食品

② ①で設定したプロパティの内容を利用して、ヘッダーの右側に会社名を表示しましょう。

Hint プロパティの内容をヘッダーに挿入するには、《ヘッダー/フッターツール》の《デザイン》タブ→《挿入》グループの クイックパーツ（クイックパーツの表示）を使います。

③ 文書に「Lesson32完成」と名前を付けて、フォルダー「Word2016ドリル」のフォルダー「学習ファイル」に保存しましょう。

④ ドキュメント検査ですべての項目についてチェックし、検査結果からコメントを削除しましょう。
※あらかじめコメントが挿入されていることを確認しておきましょう。

⑤ 文書を最終版として保存しましょう。

⑥ 表の項目名以外の内容を削除し、議事録のテンプレートを作成しましょう。
次に、「議事録フォーマット」と名前を付けて、Wordテンプレートとして保存しましょう。
※テンプレート「議事録フォーマット」を閉じておきましょう。

⑦ ⑥で保存したテンプレートを開きましょう。
※文書を保存せずに閉じておきましょう。

Lesson 33　第7章 便利な機能

解答 ▶ P.43

完成図のような文書を作成しましょう。

　フォルダー「学習ファイル」の文書「Lesson33」を開いておきましょう。

●完成図

横浜と私

1．私について

① 誕生

昭和20年9月21日、五人兄弟の長男として、横浜市根岸で生まれる。
昭和17年から日本本土への空襲がはじまり、ついに昭和20年に広島、長崎に原爆が投下され、戦争が終わった。私は終戦直後に生まれた子供である。
「豊」という名前の名付け親は祖母である。貧窮していた時代なので、経済的にも心も豊かにという意味で考えたという。父も母も名前はあれこれ考えていたようで候補はたくさんあったようだが、祖母に名付け親の立場を譲ったようだ。
ただし、私の名前を決めた話には、後日談がある。「豊」というのは、実は祖母の初恋の人の名前だったらしい。

② 両親

父・日出男（ひでお）は大正11年、母・静子（しずこ）は大正13年に山口県で生まれた。父は六人兄弟の長男で、体も話す声も大きく、男らしい性格であった。野球が好きで、私をプロ野球の選手にするのだと、少々迷惑な夢を持っていた。そのため、幼い時から父とよく野球をして遊んだ。それに対して、母は五人兄弟の末っ子で、どちらかというと内向的な性格であった。私たち夫婦〜
た妻に叱られるが…）
父はとても厳しい人だったので、父の言うことを聞かないとよくビンタをさ〜
ていたが、父がいなくなると、あとでこっそり芋やかぼちゃを食べさせてく〜

③ 小学校の時

我が家は裕福なほうではなかったので、幼稚園には行かなかった。そのため、〜
であった。
家から徒歩十分くらいのところにある「日の出小学校」に通った。校庭は広く〜
の校庭に繋がっている。当時、ベビーブームだったせいだろうか、私が三年生〜
くなり、校庭にプレハブ小屋が建てられた。私たち子供にとっては、そのプレ〜
がうらやましかった。今、思い返してみると、校舎に比べてかなり簡単な造り〜
いいと思えるところはひとつもない。しかし、当時の私たちには、まるで子供〜
えた。子供は何をうらやましがるかわからないものだ。

④ 中学校の時

中学は小学校の隣の「朝日中学校」に通った。小学校からの顔見知りが多いので〜
友達を作るのに苦労しないのが嬉しかった。
勉強はあまりできるほうではなかった。父もあまり勉強ができるほうではな〜

横浜と私

わいがっていた祖父が通信簿をこっそり見せてくれた。父よ、これでは無理だ。トンビが鷹を産むなんてことは滅多にない。
父の影響で子供の時から野球ばかりしていたので、中学校では野球部に所属していた。ふだんは「勉強しろ」と厳しく言う父も、野球に没頭している姿を見ると黙っていた。

⑤ 高校の時

父の協力のおかげか、野球で才能を発揮し、スポーツ推薦で「柳第一高等学校」へ入学することができた。野球の名門校で、私が在学中も甲子園に二度出場した。そこで、高校時代は野球一色の毎日を送った。甲子園での経験は一生の思い出である。その後、大学には進学しなかったので、高校生の三年間が最後の学生時代であった。

⑥ 結婚

二十三歳の時に結婚した。妻は小学生からの幼なじみだった。よく言えば、気心知れた仲で安心できるのだが、私の子供時代も知っているのでたちが悪い。父親に叱られて泣いたところやドブに足を突っ込んだところも見られているのである。
結婚して二年が過ぎた頃、そろそろ子供が欲しいという話題になった。そんな私たち夫婦も結婚三年目にして、やっと娘が誕生した。

⑦ 娘の紹介と成長記録

名前は優子。優雅で優しい子に育ってほしいという意味で、私の母が名付けた。
昭和46年7月20日生まれ。星座はかに座で、血液型はB型だ。
生まれた時から3歳までを表にしてみた。

	身長	体重
生まれたとき	49cm	3,250g
1歳	73cm	9,820g
1歳半	81cm	10.6kg
2歳	86cm	11.3kg
3歳	93cm	13.1kg

そのあとも順調に身長を伸ばし、体重を増やしている。早くも両親の頑健さを引き継いだか？その後も、大きな病気をすることもなく、健やかに成長してくれた。

横浜と私

2．港町・横浜

① 横浜市の成長

私が生まれた頃から比べると横浜も随分変わったものだ。
昔から港やおしゃれな街というイメージがあったが、私が高校生の時にできた「横浜マリンタワー」をはじめ「横浜ベイブリッジ」や「横浜ランドマークタワー」など、新しいスポットが続々と出来上がる。それに呼応するように「みなとみらい線」の開通など、交通の便もよくなった。

② 横浜中華街

先日、久しぶりに横浜中華街に行った。今でこそ約二百軒の料理店が並んでいるが、私が生まれた頃はほんの二十軒ほどしか店がなかった。昭和47年の日中国交回復から、どんどん店が増えていって、現在のような横浜中華街になった。みなとみらい線に乗りながら、子供の頃はじめて中華街に行ったことを思い出していた。大学生だろうか、学生がたくさんいて、楽しそうに話しながら肉まんを食べている。この世代の人たちの中で横浜中華街の変貌ぶりに思いをはせる人はいまい。

③ 山下公園

娘が子供の時によく行ったものだ。懐かしいので久しぶりに行ってみた。公園内をぐるりと散歩した。しばらく歩いたあと、「赤い靴の女の子」の像に、お久しぶりと挨拶。赤い靴の女の子は今日も膝を抱えて座り、横浜から海を見ている。
近くのベンチに腰を下ろしていると、母と子がジュースを飲みながら話していた。「おかあさん、なんで空は青いの」「なんで夏は暑いの」と子供が聞いている。「なんでなんで」攻撃だ。この年頃の子供はよくこの手の攻撃を仕掛けてくる。おかあさんは、子供の夢を壊さないように言葉を選んで答えていた。一生懸命な横顔に「ご苦労様です」と心の中でつぶやく。でも、我が娘の「遊んで！遊んで！」攻撃はもっと強力だった。あれには本当にまいった。

④ 最近の私のお気に入り

最近よく訪れるのは、「赤レンガパーク」だ。私が子供の頃は国の所有物だったのに、今ではおしゃれなショッピング・ゾーンとして生まれ変わり、家族連れや若い人であふれかえっている。友達と遊びに行ける場所が増えた。私の年齢層を考えると、少々訪れにくい場所もあるかと思ったがそうでもなく、休日には意外と熟年層、家族連れが多い。「山下公園」を通り、「大桟橋」で海を眺めた後、「赤レンガパーク」で妻とお茶をする、ナイスミドル（？）な生活を楽しんでいる。
そのほかにも横浜には、いろいろなスポットがあるので、次のページに年表　　　　浜、住民は新しいもの好き（？）という感じである。これからも新しいテーマ　　　　ら、どんどん足を運んでみるつもりだ。

横浜と私

◆横浜の歴史◆

年	出来事
1949年（昭和24年）	日本貿易博覧会　開催
1956年（昭和31年）	横浜高島屋　開業
1958年（昭和33年）	開港100年記念祭　開催
1961年（昭和36年）	横浜マリンタワー　完成
1964年（昭和39年）	根岸線（桜木町駅〜磯子駅）　開通
1965年（昭和40年）	こどもの国　開園
1968年（昭和43年）	東名高速道路・首都高速道路横浜羽田線　開通
1972年（昭和47年）	横浜市電、トロリーバスが全廃
	横浜市営地下鉄（伊勢佐木長者町駅〜上大岡駅）　開通
1978年（昭和53年）	横浜スタジアム　完成
1980年（昭和55年）	横浜駅東口にターミナルビル・地下街　オープン
1984年（昭和59年）	横浜こども科学館　オープン
1985年（昭和60年）	横浜市営地下鉄（舞岡駅〜新横浜駅）　開通
1988年（昭和63年）	金沢区に海の公園　開園
1989年（平成元年）	横浜市政100周年、開港130周年
	横浜みなとみらい21地区にて横浜博覧会　開催
	横浜ベイブリッジ、金沢シーサイドライン　開通
	横浜アリーナ、横浜美術館　オープン
1991年（平成3年）	パシフィコ横浜（横浜国際平和会議場）　完成
1993年（平成5年）	横浜・八景島シーパラダイス、横浜ランドマークタワー　オープン
1996年（平成8年）	横浜ベイサイドマリーナ　オープン
1998年（平成10年）	横浜国際総合競技場（日産スタジアム）、横浜国際プール　オープン
1999年（平成11年）	横浜ワールドポーターズ、よこはま動物園ズーラシア　オープン
2002年（平成14年）	赤レンガパーク　オープン
	横浜港大さん橋国際客船ターミナル　リニューアルオープン
2004年（平成16年）	みなとみらい線（横浜駅〜元町・中華街駅間・東急東横線乗り入れ）　開通
2008年（平成20年）	横浜市営地下鉄グリーンライン（中山駅〜日吉駅）　開通
2009年（平成21年）	横浜開港150周年「開国博Y150」　開催
	第20回全国「みどりの愛護」のつどい　開催
2010年（平成22年）	APEC首脳会議　開催
2013年（平成25年）	MARK IS みなとみらい　オープン
2015年（平成27年）	市民参加型フルマラソン「横浜マラソン」　開催

応用 P.220,222 ① 文末に、セクション区切りを挿入しましょう。
次に、4ページ目にフォルダー「学習ファイル」の文書「横浜の歴史」を挿入しましょう。

応用 P.221,223 ② 4ページ目の余白を「狭い」に設定しましょう。

応用 P.224 ③ 文書のプロパティに、次の情報を設定しましょう。

> タイトル ：横浜と私
> 作成者　 ：中沢□豊

※□は全角空白を表します。

応用 P.153,160 ④ ③で設定したプロパティの内容を利用して、ヘッダーの左側にタイトルを表示しましょう。

> **Hint** プロパティの内容をヘッダーに挿入するには、《ヘッダー/フッターツール》の《デザイン》タブ→《挿入》グループの クイックパーツ ▼ （クイックパーツの表示）を使います。

応用 P.230 ⑤ 文書のアクセシビリティをチェックしましょう。
次に、アクセシビリティチェックでエラーとなった表に、次の代替テキストを表示しましょう。

●2ページ目の表

> タイトル ：娘の身長と体重
> 説明　　 ：娘が生まれたときから3歳までの身長と体重の記録

●4ページ目の表

> タイトル ：横浜市の歴史
> 説明　　 ：1949年からの横浜市の主な出来事

応用 P.232 ⑥ 文書にパスワード「password」を設定しましょう。
次に、「Lesson33完成」と名前を付けて、フォルダー「学習ファイル」に保存しましょう。
※文書「Lesson33完成」を閉じておきましょう。

応用 P.233 ⑦ フォルダー「学習ファイル」の文書「Lesson33完成」を開きましょう。

※文書「Lesson33完成」を閉じておきましょう。

よくわかる

Skill Up Microsoft® Word 2016

まとめ

- Lesson34 ……………………………………………………………… 89
- Lesson35 ……………………………………………………………… 93
- Lesson36 ……………………………………………………………… 97
- Lesson37 ……………………………………………………………… 103
- Lesson38 ……………………………………………………………… 108

Lesson 34 まとめ

解答 ▶ P.45

完成図のような文書を作成しましょう。

 フォルダー「学習ファイル」の文書「Lesson34」とExcelのブック「メニュー」を開いておきましょう。

●完成図

Kitchen deli BISTRO

Lunch Menu

11:30〜14:30

「Kitchen deli BISTRO」では、日替わりでバラエティ豊かなお弁当をご用意しております。
500円とは思えないボリュームたっぷりなランチをぜひご利用ください。

This Week Lunch 11/7〜11/11

7日(月)	こんがり焼いた秋ナスのラザニア と トマトのドライカレー
8日(火)	若鶏のしそゴマ風味焼き と 春巻き と えびマヨ
9日(水)	ハンバーグステーキ と さやいんげんのドレッシング和え
10日(木)	地中海風パエリア と スモークサーモンのサラダ
11日(金)	チキン＆アボカドのサンドウィッチ と アクアパッツァ

Next Week Lunch 11/14〜11/18

14日(月)	生ハムとスモークサーモンのエッグベネディクト
15日(火)	鶏手羽元のレモングラス焼き と 苦瓜と卵の炒めもの
16日(水)	ローストビーフのわさびソース と クリームコロッケ
17日(木)	チキンのタイ風スパイシー炒め
18日(金)	若鶏のバンバンジー風 と 豚の角煮

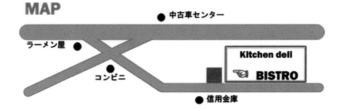

ご予約は、お電話・店頭にて当日11時までの受付とさせていただきます。

〒153-0042 東京都目黒区青葉台3-6-XX TEL:03-3719-XXXX

▶ブック「メニュー」

	A	B
1	1日(火)	豚肉と山芋の黒コショウ炒め と 一口揚げ餃子
2	2日(水)	チーズリゾット と 天使のエビフライオーロラソース
3	3日(木)	祝日
4	4日(金)	ぶりの照り焼き と 野菜たっぷり豚ゴマしゃぶ
5	5日(土)	定休日
6	6日(日)	定休日
7	7日(月)	こんがり焼いた秋ナスのラザニア と トマトのドライカレー
8	8日(火)	若鶏のしそゴマ風味焼き と 春巻き と えびマヨ
9	9日(水)	ハンバーグステーキ和風ソース と さやいんげんのドレッシング和え
10	10日(木)	地中海風パエリア と スモークサーモンのサラダ
11	11日(金)	チキン&アボカドのサンドウィッチ と アクアパッツァ
12	12日(土)	定休日
13	13日(日)	定休日
14	14日(月)	生ハムとスモークサーモンのエッグベネディクト
15	15日(火)	鶏手羽元のレモングラス焼き と 苦瓜と卵の炒めもの
16	16日(水)	ローストビーフのわさびソース と クリームコロッケ
17	17日(木)	カジキマグロの香味揚げ と 豆乳クリーム包み
18	18日(金)	若鶏のバンバンジー風 と 豚の角煮
19	19日(土)	定休日
20	20日(日)	定休日
21	21日(月)	白身魚のタンドリー風 と 焼きえびのサラダ
22	22日(火)	チーズ入りビーフロールカツ と アスパラのクリームコロッケ
23	23日(水)	祝日
24	24日(木)	チキン&アボカドのサンドウィッチ と アクアパッツァ
25	25日(金)	サーモンムニエル と かぼちゃとトマトの焼きマリネ
26	26日(土)	定休日
27	27日(日)	定休日
28	28日(月)	チキンのマーマレード煮 と ピーマンとかぼちゃのきんぴら炒め
29	29日(火)	春菊の牛肉巻き焼き と 高野豆腐と筍の炒め煮
30	30日(水)	ぶつ切り海老カツ と 筍の甘辛煮込み
31		

| 応用 P.12 | ① | 次のようにテーマを適用しましょう。 |

| テーマの色　　　：緑 |
| テーマのフォント：Arial |

| 基礎 P.90-91 | ② | 1行目の「Kitchen deli BISTRO」に、次の書式を設定しましょう。 |

| フォント　　　　：Arial Black |
| フォントの色　　：濃い赤 |

次に、「Kitchen deli 」のフォントサイズを「22」ポイント、「BISTRO」のフォントサイズを「48」ポイントに設定しましょう。

| 基礎 P.90-91,148 | ③ | 「Lunch Menu」に、次の書式を設定しましょう。 |

| フォント　　　　：Arial Black |
| フォントサイズ　：36ポイント |
| 文字の効果　　　：塗りつぶし-白、輪郭-アクセント2、影（ぼかしなし）-アクセント2 |
| フォントの色　　：ライム、アクセント2、白+基本色60% |

| 基礎 P.90-91,149 | ④ | 「11:30～14:30」に、次の書式を設定しましょう。 |

| フォント　　　　：Arial Black |
| フォントサイズ　：20ポイント |
| 文字の輪郭　　　：濃い赤 |
| フォントの色　　：白、背景1 |

Hint 文字の輪郭を設定するには、《ホーム》タブ→《フォント》グループの（文字の効果と体裁）→《文字の輪郭》を使います。

| 基礎 P.90-92 | ⑤ | 「This Week Lunch　11/7～11/11」に、次の書式を設定しましょう。 |

| フォント　　　　：Arial Black |
| フォントサイズ　：18ポイント |
| 斜体 |
| フォントの色　　：濃い赤 |

| 基礎 P.91,150 | ⑥ | ⑤で設定した書式を「Next Week Lunch　11/14～11/18」にコピーしましょう。次に、フォントの色を「ライム、アクセント2、黒+基本色25%」に変更しましょう。 |

| 基礎 P.180,182 | ⑦ | 完成図を参考に、フォルダー「学習ファイル」の画像「ロゴ」を挿入し、文字列の折り返しを「前面」に設定しましょう。
※完成図を参考に、画像の位置とサイズを調整しておきましょう。 |

| 応用 P.208 | ⑧ | 「This Week Lunch　11/7～11/11」の下の行に、Excelのブック「メニュー」のセル範囲【A7:B11】を貼り付けましょう。 |

| 応用 P.210 | ⑨ | 「Next Week Lunch　11/14～11/18」の下の行に、Excelのブック「メニュー」のセル範囲【A14:B18】を元の書式を保持したままリンク貼り付けしましょう。
次に、「Next Week Lunch　11/14～11/18」の下にある空白行を削除しましょう。 |

| 応用 P.213 | ⑩ | Excelのブック「メニュー」の「17日(木)」のメニューを「チキンのタイ風スパイシー炒め」に変更し、文書内の表に変更を反映しましょう。 |

| 応用 P.215 | ⑪ | ⑨で貼り付けた表のリンクを解除しましょう。 |

| 応用 P.82 | ⑫ | ⑨で貼り付けた表の下の行に、フォルダー「学習ファイル」の文書「BISTRO地図」の地図を図として貼り付けましょう。 |

| 基礎 P.128 | ⑬ | ⑧⑨で貼り付けた表と、⑫で貼り付けた図を行の中央に配置しましょう。 |

| 基礎 P.83,90 | ⑭ | 「ご予約は、お電話・店頭にて当日11時までの受付とさせていただきます。」「〒153-0042　東京都目黒区青葉台3-6-XX　TEL:03-3719-XXXX」の行を右揃えにしましょう。
次に、「TEL:03-3719-XXXX」のフォントサイズを「22」ポイントに設定しましょう。 |

| 基礎 P.136 | ⑮ | 「ご予約は、お電話・店頭にて当日11時までの受付とさせていただきます。」の行の下に、次の段落罫線を引きましょう。 |

　　罫線の種類　：――――――
　　罫線の色　　：緑、アクセント1
　　罫線の太さ　：3pt

| 応用 P.42,47,74 | ⑯ | 左上の図形をコピーしましょう。
次に、完成図を参考に、図形の向きと位置を調整しましょう。 |

※文書に「Lesson34完成」と名前を付けて、フォルダー「学習ファイル」に保存し、閉じておきましょう。
※文書「BISTRO地図」とExcelのブック「メニュー」を保存せずに閉じておきましょう。

Lesson 35 まとめ

解答 ▶ P.47

完成図のような文書を作成しましょう。

 フォルダー「学習ファイル」の文書「Lesson35」を開いておきましょう。

●完成図

FOM MARKET PLACE NEWS
特産品倶楽部 No.9

当店のバイヤーが厳選した毎月のおすすめ品や、期間限定のセール情報、お得なキャンペーン情報が満載です！

今月のおすすめ品！

岬と入り江が交互に入りくんだ美しい景観を持つ岩手県三陸海岸。リアス式海岸としても有名な三陸海岸は、黒潮と親潮がぶつかって潮目となり、暖流系と寒流系の魚類が豊富にとれる、世界三大漁場のひとつです。そこから沖へ20,000m、水深400mから汲みあげた海洋深層水を使った商品をご用意しました。この機会に是非ご賞味ください！

■三陸海洋深層水「Sea Water」1.5L×12本セット

特別価格 **¥2,500-** (税別)

- 三陸沖20,000m、水深400mから汲みあげた三陸海洋深層水を100%使用
- 硬度300mg/lで、マグネシウム・カルシウム等のミネラル成分が豊富

■海洋深層水で作ったなめらか豆腐（4丁）

特別価格 **¥1,500-** (税別)

- 大豆本来の美味しさを引き出す、ミネラルが豊富な三陸沖の海洋深層水を使用
- 北海道産の最高級大豆「トヨムスメ」を使用

海洋深層水って何？

海洋深層水とは、水深200m以深の太陽光が届かない深海をゆっくりと流れている海水のことです。地球上の海水は水深200m付近を境として、表層水と深層水に分かれています。このあたりから水温が急に冷たくなっていきます。低水温の理由は、北大西洋のグリーンランド沖や南極海などで冷やされた海水が底に沈み、およそ2000年の年月をかけてゆっくりと大洋全体に広がっているためと考えられています。

世界で初めて海洋深層水の研究を始めたのは、フランスの研究者です。1930年ごろ、海洋深層水の低温性について研究するために汲みあげたのが始まりとされており、その後、低温安定性を利用した温度による発電や、冷房への利用研究など、様々な研究が行われています。

日本では、高知県が最初に海洋深層水を活用し、東北より北でしか育てられないため、南方ではあきらめられていたマコンブの栽培や、夏場に生育の悪かったワカメの栽培の二期作に成功しました。また、ウニや貝類の種苗の生存率を高めることにも成功しました。これらはすべて水深320mから汲みあげた海洋深層水を利用して実現したものです。

海洋深層水には、有機物がほとんど含まれず、有害な細菌が少ないといわれています。また窒素やリンなどの栄養分は、表層を流れている海水の数十倍から数千倍含まれていることから、飲料水をはじめ、食品、化粧品、タラソテラピーや足湯などの温浴施設など、様々な分野で利用されています。

FOM MARKET PLACE NEWS No.9 発行日：2016年9月30日

① 次のようにページを設定しましょう。 【応用 P.57】

```
日本語用のフォント：HGPゴシックM
英数字用のフォント：Arial
フォントサイズ　　：10ポイント
余白　　　　　　　：上 15mm ／ 下 10mm ／ 左・右 19mm
```

② ページの色に、次のように塗りつぶし効果を設定しましょう。 【応用 P.14】

```
パターン：大波
前景　　：青、アクセント1、白+基本色80%
背景　　：白、背景1
```

③ 「FOM MARKET PLACE NEWS」に、次の書式を設定しましょう。 【基礎 P.83,90-92,149】

```
フォントサイズ　：22ポイント
斜体
文字の効果（影）：オフセット（右）
フォントの色　　：青、アクセント5、黒+基本色50%
中央揃え
```

④ 「特産品倶楽部 No.9」に、次の書式を設定しましょう。 【基礎 P.83,90-91,148】

```
フォント　　　：HGS明朝E
フォントサイズ：48ポイント
文字の効果　　：塗りつぶし-白、輪郭-アクセント1、光彩-アクセント1
中央揃え
```

⑤ フォルダー「学習ファイル」の画像「特産品倶楽部」を挿入し、文字列の折り返しを「背面」に設定しましょう。 【基礎 P.180,182】

⑥ 完成図を参考に、画像「特産品倶楽部」をトリミングし、「明るさ：＋20％ コントラスト：＋20％」に修整しましょう。 【応用 P.66,69】
※完成図を参考に、画像の位置とサイズを調整しておきましょう。

⑦ 「当店のバイヤーが厳選した毎月のおすすめ品や、期間限定のセール情報、お得なキャンペーン情報が満載です！」に、次の書式を設定しましょう。 【基礎 P.83,92】

```
太字
中央揃え
```

⑧ 「潮目」に「しおめ」とルビを付けましょう。 【基礎 P.146】

応用 P.60,62 ⑨ 文末に、フォルダー「学習ファイル」のテキストファイル「海洋深層水」を挿入し、書式をクリアしましょう。

基礎 P.91,148 ⑩ 「今月のおすすめ品！」と「海洋深層水って何？」に次の書式を設定しましょう。

> フォント　　：HG創英角ゴシックUB
> 文字の効果　：塗りつぶし-青、アクセント1、影

基礎 P.90,160 ⑪ 「今月のおすすめ品！」と「海洋深層水って何？」の先頭文字に、次のようにドロップキャップを設定しましょう。

> 位置　　　　　　：本文内に表示
> ドロップする行数：3行

次に、「月のおすすめ品！」と「洋深層水って何？」のフォントサイズを「16」ポイントに設定しましょう。

基礎 P.90,93,148 ⑫ 「■三陸海洋深層水「Sea Water」1.5L×12本セット」と「■海洋深層水で作ったなめらか豆腐(4丁)」に、次の書式を設定しましょう。

> フォントサイズ：16ポイント
> 文字の効果　　：塗りつぶし-青、アクセント1、影
> 一重下線

基礎 P.90-92 ⑬ 「特別価格　¥2,500-　(税別)」と「特別価格　¥1,500-　(税別)」に、次の書式を設定しましょう。

> 太字
> フォントの色：赤

次に、「¥2,500-」と「¥1,500-」に次の書式を設定しましょう。

> フォントサイズ：22ポイント
> 斜体

基礎 P.89-90 ⑭ 「三陸沖20,000m、…」「硬度300mg/lで、…」「大豆本来の美味しさ…」「北海道産の最高級…」の行に箇条書きとして「➢」の行頭文字を設定しましょう。
次に、フォントサイズを「9」ポイントに設定しましょう。

基礎 P.162 ⑮ 「海洋深層水とは、水深200m…」から「…様々な分野で利用されています。」までの文章を2段組みにしましょう。

⑯ フォルダー「学習ファイル」の画像「豆腐」を挿入し、文字列の折り返しを「前面」に設定しましょう。

⑰ 画像「豆腐」の背景を削除しましょう。

⑱ 画像「豆腐」を、「明るさ：＋20％ コントラスト：－20％」に修整しましょう。
※完成図を参考に、画像の位置とサイズを調整しておきましょう。

⑲ フッターに、文書「FOM MARKET PLACE NEWS」を挿入し、余分な改行を削除しましょう。

⑳ ⑲で挿入した「FOM MARKET PLACE…」に、次の書式を設定しましょう。

下からのフッター位置：8mm
右揃え

Hint フッターの位置を調整するには、《ヘッダー/フッターツール》の《デザイン》タブ→《位置》グループを使います。

㉑ ページの背景も印刷されるように設定し、文書を1部印刷しましょう。

※文書に「Lesson35完成」と名前を付けて、フォルダー「学習ファイル」に保存し、閉じておきましょう。

Lesson36 まとめ

解答 ▶ P.51

完成図のような文書を作成しましょう。

 フォルダー「学習ファイル」の文書「Lesson36」を開いておきましょう。

●完成図

■旅程表

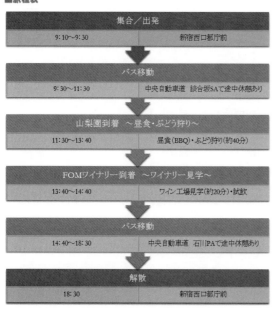

※ぶどう狩りのぶどうは「巨峰」「ピオーネ」を予定しておりますが、生育状況により変更となる場合があります。なお、お土産は「甲斐路（かいじ）」1kgです。

※時間はあくまでも目安です。交通状況により前後する場合がありますので、あらかじめご了承下さい。

■緊急連絡先

当日の朝または旅行中に連絡がとりたい場合にご利用ください。
連絡先）080-2420-XXXX（山根）

■その他

- トイレ休憩については、サービスエリア・パーキングエリアでの休憩を予定しておりますが、万一トイレに行きたくなった場合は、早めに組合スタッフにお声をおかけ下さい。
- 旅行中は傷害保険に加入しています。万一けがをされた場合は、組合スタッフまたは乗務員までご連絡下さい。
- 旅行中に撮影した写真は、支部ホームページ、支部ニュース等に掲載することがありますので、あらかじめご了承下さい。

労働組合関東支部
レクリエーション部
担当　山根・角田（内線 310-XXXX）

① 次のようにページを設定しましょう。

```
テーマ      ：オーガニック
フォントサイズ：12ポイント
```

② 次のように見出しを設定しましょう。

```
1ページ1行目   「■ツアー内容」    ：見出し1
1ページ8行目   「■集合・解散場所」  ：見出し1
1ページ15行目  「■旅程表」      ：見出し1
1ページ23行目  「■緊急連絡先」    ：見出し1
1ページ27行目  「■その他」      ：見出し1
```

※行数を確認するには、ステータスバーを右クリック→《行番号》をクリックして、行番号を表示します。

③ 見出し1のスタイルを次のように変更し、更新しましょう。

```
フォント     ：HG創英角ゴシックUB
フォントサイズ ：14ポイント
文字の効果   ：塗りつぶし-緑、アクセント1、影
```

④ 「山梨園（昼食・ぶどう狩り）」「FOMワイナリー（ワイナリー見学・試飲）」と「トイレ休憩については、…」から「…あらかじめご了承下さい。」までの行に、箇条書きとして「●」の行頭文字を設定しましょう。

⑤ 「山梨園（昼食・ぶどう狩り）」から「※交通状況により場所が前後することがあります。」までの行に3文字分の左インデントを設定しましょう。

⑥ 「「労働組合関東支部」と書かれた緑色の旗が目印です。」に、次の書式を設定しましょう。

```
フォントサイズ：14ポイント
蛍光ペンの色 ：黄
```

Hint 蛍光ペンの色を設定するには、《ホーム》タブ→《フォント》グループの（蛍光ペンの色）を使います。

⑦ 「時間厳守でお集まり下さい。…」の前に「㊟」を挿入しましょう。スタイルは「文字のサイズを合わせる」に設定し、フォントの色を「赤」にします。

⑧ 「㊟時間厳守でお集まり下さい。…」の下の行に、フォルダー「学習ファイル」の文書「集合・解散場所地図」の地図を図として貼り付けましょう。

※完成図を参考に、図のサイズを調整しておきましょう。

基礎 P.189-191 ⑨ 完成図を参考に、「角丸四角形吹き出し」の図形を作成し、「9:10□集合」と入力しましょう。

次に、図形にスタイル「枠線のみ-赤、アクセント4」を適用しましょう。

※□は全角空白を表します。
※完成図を参考に、図形の位置とサイズを調整しておきましょう。

Hint 図形の吹き出しの位置を変更するには、図形を選択→黄色の○(ハンドル)をドラッグします。

応用 P.20,24 ⑩ 「■旅程表」の下の行の先頭に、SmartArtグラフィック「分割ステップ」を挿入しましょう。

次に、完成図を参考に図形を追加し、テキストウィンドウを使って次のように文字を入力しましょう。

- ・集合／出発
    - ・9:10～9:30
    - ・新宿西口都庁前
- ・バス移動
    - ・9:30～11:30
    - ・中央自動車道□談合坂SAで途中休憩あり
- ・山梨園到着□～昼食・ぶどう狩り～
    - ・11:30～13:40
    - ・昼食(BBQ)・ぶどう狩り(約40分)
- ・FOMワイナリー到着□～ワイナリー見学～
    - ・13:40～14:40
    - ・ワイン工場見学(約20分)・試飲
- ・バス移動
    - ・14:40～18:30
    - ・中央自動車道□石川PAで途中休憩あり
- ・解散
    - ・18:30
    - ・新宿西口都庁前

※□は全角空白を表します。

Hint
- ・テキストウィンドウを使って項目を追加するには、文字の入力中に Enter を押します。
- ・テキストウィンドウ内の項目のレベルを変更するには、《SmartArtツール》の《デザイン》タブ→《グラフィックの作成》グループの ←レベル上げ (選択対象のレベル上げ) ／ →レベル下げ (選択対象のレベル下げ) を使います。

応用 P.26,31 ⑪ SmartArtグラフィックに、次の書式を設定しましょう。

SmartArtのスタイル ：光沢
色の変更　　　　　　：カラフル-アクセント3から4
フォントサイズ　　　：11ポイント

次に、「集合／出発」「バス移動」「山梨園到着　～昼食・ぶどう狩り～」「FOMワイナリー到着　～ワイナリー見学～」「バス移動」「解散」に、次の書式を設定しましょう。

フォントサイズ：14ポイント

※完成図を参考に、SmartArtグラフィックのサイズを調整しておきましょう。

⑫ 「甲斐路」に「かいじ」とルビを付けましょう。

⑬ 完成図を参考に、文末に横書きテキストボックスを作成し、次のように入力しましょう。

```
労働組合関東支部↵
レクリエーション部↵
担当□山根・角田（内線310-XXXX）
```

※↵で Enter を押して改行します。
※□は全角空白を表します。

⑭ ⑬で作成したテキストボックスに、次の書式を設定しましょう。

```
左インデント      ：17文字
図形の塗りつぶし  ：赤、アクセント4、白＋基本色40％
図形の枠線        ：赤、アクセント4、黒＋基本色25％
枠線の太さ        ：4.5pt
文字の配置        ：上下中央揃え
```

※完成図を参考に、テキストボックスの位置とサイズを調整しておきましょう。

⑮ フォルダー「学習ファイル」の画像「巨峰」を挿入し、文字列の折り返しを「前面」に設定しましょう。

⑯ 完成図を参考に、画像「巨峰」をトリミングしましょう。
次に、画像にアート効果「パステル：滑らか」を設定しましょう。
※完成図を参考に、画像の位置とサイズを調整しておきましょう。

⑰ 組み込みスタイル「モーション」を使って表紙を挿入し、次のように編集しましょう。

```
年      ：2016
タイトル ：山梨deぶどう狩り体験ツアー
作成者   ：削除
会社     ：主催：労働組合関東支部
日付     ：2016年10月3日
```

次に、表紙のタイトルに次の書式を設定しましょう。

```
フォント       ：HGS明朝E
フォントサイズ ：28ポイント
```

⑱ 表紙の画像を、フォルダー「学習ファイル」の画像「甲斐路」に変更しましょう。

Hint 画像を変更するには、《書式》タブ→《調整》グループの（図の変更）を使います。

⑲ 表紙に、「爆発1」の図形を作成し、「収穫の秋！」と入力しましょう。

⑳ ⑲で作成した図形に、次の書式を設定しましょう。

> **フォントサイズ ：22ポイント**
> **図形のスタイル ：光沢-緑、アクセント1**

次に、完成図を参考に、図形を回転しましょう。
※完成図を参考に、図形の位置とサイズを調整しておきましょう。

※文書に「Lesson36完成」と名前を付けて、フォルダー「学習ファイル」に保存し、閉じておきましょう。
※文書「集合・解散場所地図」を保存せずに閉じておきましょう。

Lesson 37 まとめ

解答 ▶ P.54

完成図のような文書を作成しましょう。

 フォルダー「学習ファイル」の文書「Lesson37」とExcelのブック「八重湖畔荘予約表」を開いておきましょう。

●完成図

直営保養所「八重湖畔荘」のご案内

八重湖畔荘について

長野県茅野市温泉郷のほど近く、保養所や別荘地が立ち並ぶ緑の木立の中に広がる八重湖畔荘は、古風な数寄屋造りが昔懐かしい日本情緒を醸し出す保養所です。良質な源泉から湧き出る掛け流し温泉は、一日でお肌がすべすべになるとご好評をいただいています。
広々としたお部屋からは、八重連山や八重湖を見渡せ、ゆっくりとした時間を過ごせます。
周辺には各種ミュージアムも多く、スキーやハイキング、釣り、テニス、ゴルフと、四季を通じて様々なレジャーをエンジョイしていただけます。

施設のご案内

- 住　　　　所：〒391-0301
　　　　　　　　長野県茅野市北山1050-XXXX
- Ｔ　Ｅ　　Ｌ：0266-67-XXXX
- チェックイン：15:00
- チェックアウト：10:00
- 客　室　　数：15室
- 駐　車　　場：10台
- 施　設　案　内：お食事処「さくら」
　　　　　　　　セミナールーム
　　　　　　　　プレイルーム（卓球・カラオケ施設など）
- 浴　　　　場：美肌の湯（露天風呂）・富士の湯
- 備　　　　品：タオル／浴衣／スウェット／歯ブラシ／ひげそり／ドライヤー

宿泊料金

利用区分	平日料金	休前日料金	お食事代
被保険者および扶養者、定年退職者とその配偶者	¥2,500	¥3,000	夕食¥2,500 朝食¥1,000
被扶養者以外の２親等内の親族	¥3,500	¥4,000	
上記以外および業務利用の場合	¥5,500	¥6,000	

※　表示金額は大人１名様１泊あたりの宿泊料金（税別）です。
※　子ども（小学生）の宿泊料金は大人の半額、幼児（未就学児童）の宿泊料金は無料です。

9月 空室・休館情報

部屋タイプ		1 木	2 金	3 土	4 日	5 月	6 火	7 水	8 木	9 金	10 土	11 日	12 月	13 火	14 水	15 木	16 金	17 土	18 日	19 月	20 火	21 水	22 木	23 金	24 土	25 日	26 月	27 火	28 水	29 木	30 金
2名	洋室	-	-	-	-	-	-	休	-	-	-	-	-	-	休	-	-	-	-	-	-	休	-	-	-	-	-	-	休	-	-
		-	-	-	-	-	-	休	-	-	-	-	-	-	休	-	-	-	-	-	-	休	-	-	-	-	-	-	休	-	-
		○	○	-	-	-	○	休	-	-	-	-	-	○	休	○	-	-	-	-	○	休	-	-	-	-	-	-	休	○	-
3名	洋室	○	-	-	-	○	-	休	-	-	-	○	-	○	休	○	-	-	-	-	○	休	-	-	○	○	○	-	休	○	-
		○	-	-	-	-	-	休	-	○	-	-	-	○	休	-	-	-	-	○	-	休	-	-	-	-	○	-	休	○	○
		-	-	-	-	-	-	休	-	○	-	-	-	○	休	-	-	-	○	-	-	休	○	-	-	-	-	-	休	○	○
4名	和室	○	-	-	-	-	-	休	-	○	-	-	-	○	休	-	-	-	○	-	○	休	○	-	-	-	-	-	休	-	-
		○	-	-	-	-	-	休	-	○	-	-	-	○	休	-	-	-	-	-	○	休	-	-	-	-	○	○	休	-	-
	洋室	-	-	-	-	○	-	休	-	-	-	-	-	○	休	-	-	○	-	-	○	休	-	-	-	-	-	-	休	-	-
		○	○	-	-	○	-	休	-	-	-	-	-	○	休	-	-	-	○	-	-	休	-	-	○	-	-	-	休	-	-
5名	和室	-	○	-	-	-	-	休	-	-	-	-	-	-	休	-	○	-	-	-	-	休	-	-	-	-	-	○	休	-	-
		○	-	-	-	-	-	休	-	-	-	○	-	-	休	-	-	-	-	-	○	休	-	○	-	-	○	-	休	-	○
6名	和洋室	○	-	-	-	-	-	休	-	-	-	○	-	-	休	-	-	○	○	-	-	休	-	-	-	-	-	-	休	-	-
8名	和室	-	-	○	-	-	○	休	-	-	-	○	○	-	休	○	-	-	-	○	-	休	○	-	-	-	○	-	休	-	○

○：空室 　　 －：予約済み 　　 休：定休日

※ 上記は、8月21日現在の空室状況です。最新の空室状況は、ホームページ（http://hoyoujyo.xx.xx/）をご覧ください。

ご予約・お問い合わせは、保養所予約センターまで
受付時間：土日・祝日を除く平日（月〜金）9:00〜17:00 　TEL：045-738-XXXX 　内線：540-XXX

基礎 P.66
応用 P.12

① 次のようにページを設定しましょう。

余白　　　：やや狭い
テーマの色：緑

基礎 P.83,90-91, 148

② 「直営保養所「八重湖畔荘」のご案内」に、次の書式を設定しましょう。

フォント　　　：HGP創英プレゼンスEB
フォントサイズ：28ポイント
文字の効果　　：塗りつぶし-緑、アクセント1、影
中央揃え

応用 P.133

③ 次のように見出しを設定しましょう。

1ページ2行目　　「八重湖畔荘について」　：見出し1
1ページ9行目　　「施設のご案内」　　　　：見出し1
1ページ22行目　「宿泊料金」　　　　　　：見出し1
1ページ32行目　「9月　空室・休館情報」　：見出し1

※行数を確認するには、ステータスバーを右クリック→《行番号》をクリックして、行番号を表示します。

基礎 P.90-92,136, 149,152
応用 P.143

④ 見出し1のスタイルを次のように変更し、更新しましょう。

フォント　　　　：MSPゴシック
フォントサイズ　：11ポイント
太字
文字の効果（影）：オフセット（下）
フォントの色　　：緑、アクセント1、黒+基本色50%
段落罫線　　　　：囲む
　　　罫線の種類　───────
　　　罫線の色　　緑、アクセント1
　　　罫線の太さ　1pt
　　　網かけ　　　ライム、アクセント2、白+基本色60%
段落前の間隔　　：0.5行

Hint 網かけを設定するには、《ホーム》タブ→《段落》グループの（罫線）の →《線種とページ罫線と網かけの設定》→《網かけ》タブを使います。

基礎 P.89

⑤ 「住所…」「TEL…」「チェックイン…」「チェックアウト…」「客室数…」「駐車場…」「施設案内…」「浴場…」「備品…」の行に箇条書きとして「●」の行頭文字を設定しましょう。

基礎 P.143

⑥ 「住所」「TEL」「チェックイン」「客室数」「駐車場」「施設案内」「浴場」「備品」を7文字分の幅に均等に割り付けましょう。

基礎 P.86

⑦ 「長野県茅野市北山1050-XXXX」「セミナールーム」「プレイルーム（卓球・カラオケ施設など）」の行に10文字分の左インデントを設定しましょう。

基礎 P.180,182 ⑧ フォルダー「学習ファイル」の画像「八重湖畔荘」を挿入し、文字列の折り返しを「前面」に設定しましょう。
※完成図を参考に、画像の位置とサイズを調整しておきましょう。

基礎 P.114 ⑨ 完成図を参考に、宿泊料金の表の2行目と3行目の間に1行挿入し、次のように文字を入力しましょう。

| 被扶養者以外の2親等内の親族 | ¥3,500 | ¥4,000 | |

基礎 P.117,119 ⑩ 表全体の列幅をセル内の最長のデータに合わせて、自動調整しましょう。
次に、表の2～4列目の列幅を等間隔にそろえましょう。

基礎 P.121 ⑪ 表の2～4行4列目のセルを結合しましょう。

基礎 P.133-134 ⑫ 表にスタイル「グリッド(表)4-アクセント2」を適用しましょう。
次に、1列目の強調を解除しましょう。

基礎 P.124-125 ⑬ 表の1行目の文字をセル内で「中央揃え」に設定しましょう。
次に、2行2列目から4行4列目までの文字をセル内で「中央揃え(右)」に設定しましょう。

基礎 P.128 ⑭ 表全体を行の中央に配置しましょう。

基礎 P.150 ⑮ 「※上記は、8月21日現在の空室状況です。最新の…」の段落に設定されている書式を、「表示金額は大人1名様…」「子ども(小学生)の宿泊料金は…」の段落にコピーしましょう。

基礎 P.66
応用 P.220,223 ⑯ 「9月　空室・休館情報」から次のページに表示されるように、セクション区切りを挿入し、次のように2ページ目を設定しましょう。

| 余白　　　：狭い |
| 印刷の向き：横 |

応用 P.208 ⑰ 「○：空室　－：予約済み　休：定休日」の上の行に、Excelのブック「八重湖畔荘予約表」のセル範囲【A1:AF17】を貼り付けましょう。
次に、表全体の列幅をセル内の最長のデータに合わせて、自動調整しましょう。

Hint　表内の文字に合わせて列幅を変更するには、《表ツール》の《レイアウト》タブ→《セルのサイズ》グループの　自動調整（自動調整）を使います。

| 基礎 P.91-92,145 | ⑱ | 「○：空室 －：予約済み 休：定休日」に太字を設定しましょう。
次に、「○」「－」「休」に囲み線を設定し、「休」のフォントの色を「赤」に設定しましょう。

| 基礎 P.155 | ⑲ | 「－」を約10字の位置、「休」を約22字の位置にそれぞれそろえましょう。

| 基礎 P.92 | ⑳ | 「ご予約・お問い合わせは、保養所予約センターまで」に太字を設定しましょう。

| 基礎 P.83,136 | ㉑ | 「ご予約・お問い合わせは、…」「受付時間：土日・祝日を除く…」の行に、次の書式を設定しましょう。

> 中央揃え
> 網かけ　：ライム、アクセント3、白+基本色40％

※文書に「Lesson37完成」と名前を付けて、フォルダー「学習ファイル」に保存し、閉じておきましょう。
※Excelのブック「八重湖畔荘予約表」を保存せずに閉じておきましょう。

Lesson 38 まとめ

解答 ▶ P.57

完成図のような文書を作成しましょう。

 フォルダー「学習ファイル」の文書「Lesson38」を開いておきましょう。

●完成図

テキスト

篠崎綺羅「空のクジラ」
初出：「空のクジラ」1999 年 10 月 21 日　日本幻想社（文芸詩楽）
初収：「空のクジラ」2005 年 4 月 20 日　彼方文芸社（彼方文芸文庫）

研究の目的と方法

主人公『私』は地上に対する天国をどのようにとらえているのか。天国と地上の関係、およびクジラと『私』の関係を踏まえた上で分析していきたい。

テキスト概要

主人公『私』はバーでつぶらな瞳の男「クジラ」に出会う。『私』は、男の歌声をきっかけに、自分がかつて天使だったことを思い出し、自分が天使でなくなってからのことを話しだす。その夜、『私』は男を自宅に泊め、天国が地上に降ってくる夢を見る。次の日、『私』は彼の残した天国の匂いを吸い込みながら、天国はすでに地上に降ってきているのかもしれないと思う。

分析

① 「天国」とは何か
天国には「神」「天使」が存在する。神に背いた天使が「堕天使」となる。

神　：意志や記憶を持つと発狂する存在。真理を語ろうとするものを戒める。空と一体になって生き、空の真理（流れ・音・色・関係など）は不変だと信じる。
天使：意志や記憶をもたず、ただ生息する存在。
堕天使：意志や記憶をもち、論理を語る存在。悪（空の真理を論理で語ろうとすること）を犯したとして、天国を追放され地上に落ちてきた天使。

② 「クジラ」とは何か
- 繁華街のタクシー乗り場に落ちてきた堕天使。
- 動物のようなつぶらな瞳を持つ。（堕天使は、落ちた場所にいる生物の平均的

- 『私』にとって、とても懐かしい顔。
- 美声を持ち、『歌』を上手く歌う。
『誰の耳とも親しくないが、そんな歌だった』
『私の関節という関節、血管という血管、内臓という内臓にこだまし、私の記憶のもっとも奥深いところより、数センチ下にもぐり込んだあの頃の感覚を呼び起こした』
↓
宙に舞い上がっていく感覚
- クジラは天使と人間の中間的存在であり、『地上にはどんな音があるのか確かめたかった』ために地上に自分から落ちてくる。
- 夢をまだ見ることができない。→『まだ意識は天国にある』所為
↓
天国から地上へやってきた異端者なのか。

③ 『私』にとっての「地上の生活」
- 地上生活は天使の悪夢。死ぬほど退屈な繰り返し。
『広大な海の一点に直径 1 センチ穴を掘って住みつく魚のように、地上人は誰しも家を作って住みついている。そして時間が来ると、家から出てゆき、再び迷うことなく戻ってくる』
- この繰り返しは『私』に課せられた拷問。

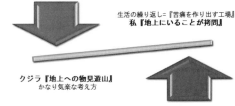

④ 『私』は何を考えているか
- 『私』は、真理への依存を否定している。
『地上的・地獄的解釈こそ天使や神は耳を傾けるべきなのだ』
『空の真理は不変だと信じる奴のほうが傲慢なのだ』
- 堕天使の仕事として『地上に天国もどきを作ること』を夢見ているが、空の真理を地上の論理で語るだけでは、作ることができないことがわかっている。
↓
論理ではなく共感しあえる場所を作ることが必要。
『天国に対する明確なイメージを多くの地上人が持つようになれば可能なこと』
- 地上人が、「共感」という手段で、空の真理を理解することで、堕天使の楽園（天国とも地上とも異なる新しい世界）が作られる。堕天使の楽園は、天国も地上も否定していくことで作り上げられる。

考察

悪魔に自分の能力を売った『私』にとって、『空の真理』に依存した生き方をする天国は『甘えた』感じのものなのだろう。しかし、『私』は悪魔ではない。天国と悪魔の中間的存在の堕天使という位置にいて、その居場所を失っているのではないだろうか。

天国の繰り返しのない世界と地上の繰り返しに満ちた苦痛の世界を、『私』は対立関係にあるものと捉えており、その天国と地上の同一化を望んでいる。天国と地上が同一化することによって、堕天使である『私』は自分の居場所を作ろうとしているのではないだろうか。そのために天使の真理への完全な依存や悪魔の論理とは異なった『共感』という地上の感覚を用いることで、人間たちの地上とつながりをもとうとした。

またクジラとの出会いによって、『私』は天国と地上の距離を改めて見つめなおすことになる。音という手段で天国と地上のつながりをもつクジラに対して、『私』は夢という形で天国と地上を結びつけて、天使や悪魔のそれとも異なる、地上における堕天使の楽園を作りだしたかったのだろう。

文学研究部 佐々木ひとみ

① 次のようにページを設定しましょう。

```
余白      ：やや狭い
テーマ    ：レトロスペクト
テーマの色：暖かみのある青
```

② 次のように見出しを設定しましょう。

```
1ページ3行目     「テキスト」                    ：見出し1
1ページ7行目     「研究の目的と方法」            ：見出し1
1ページ10行目    「テキスト概要」                ：見出し1
1ページ15行目    「分析」                        ：見出し1
1ページ16行目    「「クジラ」とは何か」          ：見出し2
1ページ31行目    「『私』にとっての「地上の生活」」 ：見出し2
2ページ2行目     「「天国」とは何か」            ：見出し2
2ページ10行目    「『私』は何を考えているか」    ：見出し2
3ページ1行目     「考察」                        ：見出し1
```

※行数を確認するには、ステータスバーを右クリック→《行番号》をクリックして、行番号を表示します。

③ 見出し1、見出し2のスタイルを次のように変更し、更新しましょう。

●見出し1

```
フォント        ：HGP創英プレゼンスEB
フォントサイズ  ：22ポイント
中央揃え
段落罫線        ：下
    罫線の種類    ━━━━━━
    罫線の色      ブルーグレー、アクセント1
    罫線の太さ    1.5pt
```

●見出し2

```
太字
段落番号「①②③」
```

④ 文書中のSmartArtグラフィックに、次の書式を設定しましょう。

●2ページ目の上側のSmartArtグラフィック

```
フォント ：HGSゴシックM
色の変更 ：カラフル-アクセント5から6
```

●2ページ目の下側のSmartArtグラフィック

```
フォント ：HGSゴシックM
```

応用 P.136,140 ⑤ ナビゲーションウィンドウを使って、見出し「③「天国」とは何か」を見出し「①「クジラ」とは何か」の前に移動しましょう。

応用 P.193,195 ⑥ 変更履歴を表示して、変更内容を次のように反映しましょう。

```
1ページ8行目    ：承諾
2ページ2行目    ：元に戻す
2ページ3行目    ：元に戻す
3ページ13行目   ：承諾
```

応用 P.224 ⑦ 文書のプロパティに、次の情報を設定しましょう。

```
タイトル ：「空のクジラ」研究
作成者  ：文学研究部□佐々木ひとみ
```

※□は全角空白を表します。

応用 P.150 ⑧ 組み込みスタイル「オースティン」を使って表紙を挿入し、次のように編集しましょう。

```
要約      ：削除
サブタイトル ：削除
```

応用 P.161,163 ⑨ 見出しスタイルの設定されている項目を抜き出して、2ページ2行目に次のような目次を作成しましょう。

```
ページ番号      ：右揃え
書式           ：ファンシー
アウトラインレベル ：2
```

次に、本文が目次の次のページから始まるように改ページを挿入しましょう。

応用 P.157-160 ⑩ 組み込みスタイル「レトロスペクト」を使って、フッターに作成者とページ番号を挿入しましょう。
次に、フッターが表紙のページに表示されないようにし、下からのフッター位置を「10mm」に設定しましょう。

| 応用 P.165 | ⑪ | 目次をすべて更新しましょう。 |

| 基礎 P.206 | ⑫ | 文書に「提出用」と名前を付けて、PDFファイルとしてフォルダー「学習ファイル」に保存しましょう。
また、PDFファイルを表示しましょう。
※PDFファイルを閉じておきましょう。 |

| 応用 P.232 | ⑬ | 文書にパスワード「password」を設定しましょう。
※文書に「Lesson38完成」と名前を付けて、フォルダー「学習ファイル」に保存し、閉じておきましょう。 |

| 応用 P.233 | ⑭ | フォルダー「学習ファイル」の文書「Lesson38完成」を開きましょう。

※文書「Lesson38完成」を閉じておきましょう。 |

よくわかる
Microsoft® Word 2016 ドリル
（FPT1608）

2016年 7 月25日　初版発行
2022年10月 6 日　第 2 版第 4 刷発行

著作／制作：富士通エフ・オー・エム株式会社

発行者：山下　秀二

発行所：FOM出版（富士通エフ・オー・エム株式会社）
〒144-8588 東京都大田区新蒲田1-17-25
株式会社富士通ラーニングメディア内
https://www.fom.fujitsu.com/goods/

印刷／製本：株式会社広済堂ネクスト

表紙デザインシステム：株式会社アイロン・ママ

- ■本書は、構成・文章・プログラム・画像・データなどのすべてにおいて、著作権法上の保護を受けています。
  本書の一部あるいは全部について、いかなる方法においても複写・複製など、著作権法上で規定された権利を侵害する行為を行うことは禁じられています。
- ■本書に関するご質問は、ホームページまたはメールにてお寄せください。
  <ホームページ>
  上記ホームページ内の「FOM出版」から「QAサポート」にアクセスし、「QAフォームのご案内」からQAフォームを選択して、必要事項をご記入の上、送信してください。
  <メール>
  FOM-shuppan-QA@cs.jp.fujitsu.com
  なお、次の点に関しては、あらかじめご了承ください。
  ・ご質問の内容によっては、回答に日数を要する場合があります。
  ・本書の範囲を超えるご質問にはお答えできません。　・電話やFAXによるご質問には一切応じておりません。
- ■本製品に起因してご使用者に直接または間接的損害が生じても、富士通エフ・オー・エム株式会社はいかなる責任も負わないものとし、一切の賠償などは行わないものとします。
- ■本書に記載された内容などは、予告なく変更される場合があります。
- ■落丁・乱丁はお取り替えいたします。

©FUJITSU LEARNING MEDIA LIMITED 2021
Printed in Japan

FOM出版のシリーズラインアップ

定番の よくわかる シリーズ

■Microsoft Office

「よくわかる」シリーズは、長年の研修事業で培ったスキルをベースに、ポイントを押さえたテキスト構成になっています。すぐに役立つ内容を、丁寧に、わかりやすく解説しているシリーズです。

Point
❶ 学習内容はストーリー性があり実務ですぐに使える！
❷ 操作に対応した画面を大きく掲載し視覚的にもわかりやすく工夫されている！
❸ 丁寧な解説と注釈で機能習得をしっかりとサポート！
❹ 豊富な練習問題で操作方法を確実にマスターできる！自己学習にも最適！

■セキュリティ・ヒューマンスキル

資格試験の よくわかるマスター シリーズ

■MOS試験対策 ※模擬試験プログラム付き！

「よくわかるマスター」シリーズは、IT資格試験の合格を目的とした試験対策用教材です。出題ガイドライン・カリキュラムに準拠している「受験者必携本」です。

模擬試験プログラム

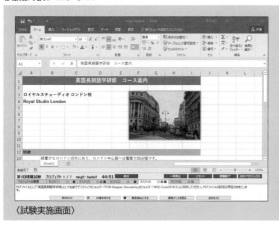

〈試験実施画面〉

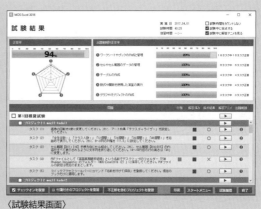

〈試験結果画面〉

■情報処理技術者試験対策

ITパスポート試験

基本情報技術者試験

スマホアプリ
ITパスポート試験 過去問題集

スマホアプリの詳細は

FOM　スマホアプリ

FOM出版テキスト 最新情報のご案内	FOM出版では、お客様の利用シーンに合わせて、最適なテキストをご提供するために、様々なシリーズをご用意しています。 FOM出版 検索 https://www.fom.fujitsu.com/goods/
FAQのご案内 ［テキストに関するよくあるご質問］	FOM出版テキストのお客様Q&A窓口に皆様から多く寄せられたご質問に回答を付けて掲載しています。 FOM出版 FAQ 検索 https://www.fom.fujitsu.com/goods/faq/